青少年科技创新丛书

Scratch测控传感器的研发与创意应用

吴俊杰　梁森山　编著

清华大学出版社
北京

内 容 简 介

本书以 Scratch 为教学语言，介绍了如何将计算机的键盘、鼠标、话筒、摄像头作为传感器研究艺术、科学和工程领域的问题，并将研究结论撰写成研究论文。

在程序设计上，本书从零起点开始，涉及 Scratch 2.0 和 Scratch 1.4 常见的程序结构和算法；在硬件上，本书深入浅出地从原理层面上介绍了各种计算机外部设备的获取信息的原理；在学科定位上，本书以信息技术学科为核心，将传感器作为实现"测量—控制"的关键，体现了信息技术中信息的获取、存储、分析、表达的全过程，并且涉及与信息技术相关的其他学科；在教学上，本书既适合大班教学，又适合学生自学。本书由从免费硬件到付费硬件、从简单程序到复杂算法、从艺术到研究再到工程、从学习别人的案例到自己研发测控传感器的应用案例 4 条主线出发，比较系统地介绍了研究性学习所需要的编程能力和数据分析方法，比较全面地涉及了"科学、技术、工程和数学"领域(STEM 教育)的相关内容。

本书面向 Scratch 入门的师生以及课程研究人员，既可作为中、小学相关课程教材，也可作为青少年科技创新活动的参考用书。

图书在版编目(CIP)数据

Scratch 测控传感器的研发与创意应用/吴俊杰，梁森山编著. --北京：清华大学出版社，2014(2019.6 重印)

(青少年科技创新丛书)

ISBN 978-7-302-37247-9

Ⅰ. ①S… Ⅱ. ①吴… ②梁… Ⅲ. ①传感器—青少年读物 Ⅳ. ①TP212-49

中国版本图书馆 CIP 数据核字(2014)第 153481 号

责任编辑：帅志清
封面设计：刘　莹
责任校对：刘　静
责任印制：刘祎淼

出版发行：清华大学出版社
网　　址：http://www.tup.com.cn，http://www.wqbook.com
地　　址：北京清华大学学研大厦 A 座　　**邮　　编**：100084
社 总 机：010-62770175　　**邮　　购**：010-62786544
投稿与读者服务：010-62776969，c-service@tup.tsinghua.edu.cn
质量反馈：010-62772015，zhiliang@tup.tsinghua.edu.cn
印 装 者：山东润声印务有限公司
经　　销：全国新华书店
开　　本：185mm×260mm　　**印　张**：10.75　　**字　　数**：243 千字
版　　次：2014 年 11 月第 1 版　　**印　　次**：2019 年 6 月第 5 次印刷
定　　价：50.00 元

产品编号：051074-02

#《青少年科技创新丛书》
编　委　会

序 （1）

吹响信息科学技术基础教育改革的号角

（一）

信息科学技术是信息时代的标志性科学技术。信息科学技术在社会各个活动领域广泛而深入的应用，就是人们所熟知的信息化，它是 21 世纪最为重要的时代特征。作为信息时代的必然要求，它的经济、政治、文化、民生和安全都要接受信息化的洗礼。因此，生活在信息时代的人们都应当具备信息科学的基本知识和应用信息技术的基础能力。

理论和实践都表明，信息时代是一个优胜劣汰、激烈竞争的时代。谁最先掌握了信息科学技术，谁就可能在激烈的竞争中赢得制胜的先机。因此，对于一个国家来说，信息科学技术教育的成败优劣，就成为关系到国家兴衰和民族存亡的根本所在。

同其他学科的教育一样，信息科学技术的教育也包含基础教育和高等教育这样两个相互联系、相互作用、相辅相成的阶段。少年强则国强，少年智则国智。因此，信息科学技术的基础教育不仅具有基础性意义，而且具有全局性意义。

（二）

为了搞好信息科学技术的基础教育，首先需要明确：什么是信息科学技术？信息科学技术在整个科学技术体系中处于什么地位？在此基础上明确：什么是基础教育阶段应当掌握的信息科学技术？

众所周知，人类一切活动的目的归根结底就是要通过认识世界和改造世界，不断地改善自身的生存环境和发展条件。为了认识世界，就必须获得世界（具体表现为外部世界存在的各种事物和问题）的信息，并把这些信息通过处理提炼成为相应的知识；为了改造世界（表现为变革各种具体的事物和解决各种具体的问题），就必须根据改善生存环境和发展条件的目的，利用所获得的信息和知识，制定能够解决问题的策略并把策略转换为可以实践的行为，通过行为解决问题、达到目的。

可见，在人类认识世界和改造世界的活动中，不断改善人类生存环境和发展条件这个目的是根本的出发点与归宿，获得信息是实现这个目的的基础和前提，处理信息、提炼知识和制定策略是实现目的的关键与核心，而把策略转换成行为则是解决问题、实现目的的最终手段。不难明白，认识世界所需要的知识和改造世界所需要的策略，以及执行策略的行为是由信息加工分别提炼出来的产物。于是，确定目的、获得信息、处理信息、提炼知识、制定策略、执行策略、解决问题、实现目的，就自然地成为信息科学技术的基本任务。

这样，信息科学技术的基本内涵就应当包括：(1)信息的概念和理论；(2)信息的地位和作用，包括信息资源与物质资源的关系以及信息资源与人类社会的关系；(3)信息运动的基本规律与原理，包括获得信息、传递信息、处理信息、提炼知识、制定策略、生成行为、解决问题、实现目的的规律和原理；(4)利用上述规律构造认识世界和改造世界所需要的各种信息工具的原理和方法；(5)信息科学技术特有的方法论。

鉴于信息科学技术在人类认识世界和改造世界活动中所扮演的主导角色，同时鉴于信息资源在人类认识世界和改造世界活动中所处的基础地位，信息科学技术在整个科学技术体系中显然应当处于主导与基础双重地位。信息科学技术与物质科学技术的关系，可以表现为信息科学工具与物质科学工具之间的关系：一方面，信息科学工具与物质科学工具同样都是人类认识世界和改造世界的基本工具；另一方面，信息科学工具又驾驭物质科学工具。

参照信息科学技术的基本内涵，信息科学技术基础教育的内容可以归结为：(1)信息的基本概念；(2)信息的基本作用；(3)信息运动规律的基本概念和可能的实现方法；(4)构造各种简单信息工具的可能方法；(5)信息工具在日常活动中的典型应用。

（三）

与信息科学技术基础教育内容同样重要甚至更为重要的问题是要研究：怎样才能使中小学生真正喜爱并能够掌握基础信息科学技术？其实，这就是如何认识和实践信息科学技术基础教育的基本规律的问题。

信息科学技术基础教育的基本规律有很丰富的内容，其中的两个重要问题：一是如何理解中小学生的一般认知规律；二是如何理解信息科学技术知识特有的认知规律和相应能力的形成规律。

在人类(包括中小学生)一般的认知规律中，有两个普遍的共识：一是“兴趣决定取舍”；二是“方法决定成败”。前者表明，一个人如果对某种活动有了浓厚的兴趣和好奇心，他就会主动、积极地去探寻奥秘；如果没有兴趣，他就会放弃或者消极应付。后者表明，即使有了浓厚的兴趣，但是如果方法不恰当，最终也会导致失败。所以，为了成功地培育人才，激发浓厚的兴趣和启示良好的方法都非常重要。

小学教育处于由学前的非正规、非系统教育转为正规的系统教育的阶段，原则上属于启蒙的教育。在这个阶段，调动兴趣和激发好奇心理更加重要。中学教育的基本要求同样是要不断调动学生的学习兴趣和激发他们的好奇心理，但是这一阶段越来越重要的任务是要培养他们的科学思维方法。

与物质科学技术学科相比，信息科学技术学科的特点是比较抽象、比较新颖。因此，信息科学技术的基础教育还要特别重视人类认识活动的另一个重要规律：人们的认识过程通常是由个别上升到一般，由直观上升到抽象，由简单上升到复杂。所以，从个别的、简单的、直观的学习内容开始，经过量变到质变的飞跃和升华，才能掌握一般的、抽象的、复杂的学习内容。其中，亲身实践是实现由直观到抽象过程的良好途径。

综合以上几方面的认知规律，小学的教育应当从个别的、简单的、直观的、实际的、有趣的学习内容开始，循序渐进，由此及彼，由表及里，由浅入深，边做边学，由低年级到高年级，由小学到中学，由初中到高中，逐步向一般的、抽象的、复杂的学习内容过渡。

（四）

我们欣喜地看到，在信息化需求的推动下，信息科学技术的基础教育已在我国众多的中小学校试行多年。感谢全国各中小学校的领导和教师的重视，特别感谢广大一线教师们坚持不懈的努力，克服了各种困难，展开了积极的探索，使我国信息科学技术的基础教育在摸索中不断前进，取得了不少可喜的成绩。

由于信息科学技术本身还在迅速发展，人们对它的认识还在不断深化。由于“重书本”、“重灌输”等传统教育思想和教学方法的影响，学生学习的主动性、积极性尚未得到充分发挥，加上部分学校的教学师资、教学设施和条件也还不够充足，教学效果尚不能令人满意。总之，我国信息科学技术基础教育存在不少问题，亟须研究和解决。

针对这种情况，在教育部基础司的领导下，我国从事信息科学技术基础教育与研究的广大教育工作者正在积极探索解决这些问题的有效途径。与此同时，北京、上海、广东、浙江等省市的部分教师也在自下而上地联合起来，共同交流和梳理信息科学技术基础教育的知识体系与知识要点，编写新的教材。所有这些努力，都取得了积极的进展。

《青少年科技创新丛书》是这些努力的一个组成部分，也是这些努力的一个代表性成果。丛书的作者们是一批来自国内外大中学校的教师和教育产品创作者，他们怀着“让学生获得最好教育”的美好理想，本着“实践出兴趣，实践出真知，实践出才干”的清晰信念，利用国内外最新的信息科技资源和工具，精心编撰了这套重在培养学生动手能力与创新技能的丛书，希望为我国信息科学技术基础教育提供可资选用的教材和参考书，同时也为学生的科技活动提供可用的资源、工具和方法，以期激励学生学习信息科学技术的兴趣，启发他们创新的灵感。这套丛书突出体现了让学生动手和“做中学”的教学特点，而且大部分内容都是作者们所在学校开发的课程，经过了教学实践的检验，具有良好的效果。其中，也有引进的国外优秀课程，可以让学生直接接触世界先进的教育资源。

笔者看到，这套丛书给我国信息科学技术基础教育吹进了一股清风，开创了新的思路和风格。但愿这套丛书的出版成为一个号角，希望在它的鼓动下，有更多的志士仁人关注我国的信息科学技术基础教育的改革，提供更多优秀的作品和教学参考书，开创百花齐放、异彩纷呈的局面，为提高我国的信息科学技术基础教育水平作出更多、更好的贡献。

钟义信

2013 年冬于北京

序（2）

探索的动力来自对所学内容的兴趣，这是古今中外之共识。正如爱因斯坦所说：一个贪婪的狮子，如果被人们强迫不断进食，也会失去对食物贪婪的本性。学习本应源于天性，而不是强迫地灌输。但是，当我们环顾目前教育的现状，却深感沮丧与悲哀：学生太累，压力太大，以至于使他们失去了对周围探索的兴趣。在很多学生的眼中，已经看不到对学习的渴望，他们无法享受学习带来的乐趣。

在传统的教育方式下，通常由教师设计各种实验让学生进行验证，这种方式与科学发现的过程相违背。那种从概念、公式、定理以及脱离实际的抽象符号中学习的过程，极易导致学生机械地记忆科学知识，不利于培养学生的科学兴趣、科学精神、科学技能，以及运用科学知识解决实际问题的能力，不能满足学生自身发展的需要和社会发展对创新人才的需求。

美国教育家杜威指出：成年人的认识成果是儿童学习的终点。儿童学习的起点是经验，“学与做相结合的教育将会取代传授他人学问的被动的教育”。如何开发学生潜在的创造力，使他们对世界充满好奇心，充满探索的愿望，是每一位教师都应该思考的问题，也是教育可以获得成功的关键。令人感到欣慰的是，新技术的发展使这一切成为可能。如今，我们正处在科技日新月异的时代，新产品、新技术不仅改变我们的生活，而且让我们的视野与前人迥然不同。我们可以有更多的途径接触新的信息、新的材料，同时在工作中也易于获得新的工具和方法，这正是当今时代有别于其他时代的特征。

当今时代，学生获得新知识的来源已经不再局限于书本，他们每天面对大量的信息，这些信息可以来自网络，也可以来自生活的各个方面：手机、iPad、智能玩具等。新材料、新工具和新技术已经渗透到学生的生活之中，这也为教育提供了新的机遇与挑战。

将新的材料、工具和方法介绍给学生，不仅可以改变传统的教育内容与教育方式，而且将为学生提供一个实现创新梦想的舞台，教师在教学中可以更好地观察和了解学生的爱好、个性特点，更好地引导他们，更深入地挖掘他们的潜力，使他们具有更为广阔的视野、能力和责任。

本套丛书的作者大多是来自著名大学、著名中学的教师和教育产品的科研人员，他们在多年的实践中积累了丰富的经验，并在教学中形成了相关的课程，共同的理想让我们走到了一起，“让学生获得最好的教育”是我们共同的愿望。

本套丛书可以作为各校选修课程或必修课程的教材，同时也希望借此为学生提供一些科技创新的材料、工具和方法，让学生通过本套丛书获得对科技的兴趣，产生创新与发明的动力。

丛书编委会

2013年10月8日

前　言

STEM(Science Technology Engineering Mathematics Education)意指“科学、技术、工程学、数学教育”，是由美国发起的一项旨在通过提高 STEM 领域劳动者人数和受教育者综合应用 STEM 领域的能力，提高国家的人力资源水平继而提升国家竞争力。本课程将科学、技术、工程学和数学 4 个领域通过一个具体的研究性学习案例融合起来，使大家在掌握信息技术的基础上，设计、开发和制作实验装置(工程)，应用其中的数学原理，得到一个科学的结论，并尝试用多种不同的形式表达这一科学结论。期望培养一个“数字科学家”，即对任何一个感兴趣的问题都能用科学的方法独立地开展研究的“自由的研究者”。通过数据的“获取、存储、分析、表达”来实现结论的定量化、精确化和理论化。本书以麻省理工学院开发的 Scratch 语言为编程环境，将常见的计算机外部设备当作传感器来使用，展示了一系列适合中学生甚至大学生的研究性学习案例，对于培养学生的能力、提高学生的编程水平和对计算机的理解都很有帮助。

2013 年 9 月，麻省理工学院团队发布了 Scratch 2.0 的离线测试版，Scratch 2.0 的编程环境已经比较成熟，因此本书使用 Scratch 2.0 作为 Scratch 程序语言基础的教学平台，并比较了 Scratch 1.4 和 Scratch 2.0 的区别。通过一组动画和游戏案例，介绍 Scratch 语言的基础和 Scratch 网站的学习方法，并将这些作为接下来学习感测与控制技术的基础。

通过将生活中常见的计算机外部设备改装成为传感器，并结合 Scratch 程序的传感器板，使有研究能力的学生可以自由地发挥想象，将编程渗透到游戏、娱乐和科学探究中，其学习角色可向科学家、交互设计师、工程师等多种 STEM 领域的职业角色转换。在这个过程中，学生会明白自己适合做什么和喜欢做什么，以及完成一项工作自己需要找哪些人合作，这些能力将会使学生受益终生。

本书作者之一贾思博于 2010 年获得 “明天小小科学家”比赛二等奖，并顺利保送清华大学；作者朱忠旻凭借 Scratch 领域的研究，受邀参加了 2012 年麻省理工学院举办的 Scratch 2012 年年会；作者范力彬是景山学校最早一批学习 Scratch 语言的学生，未来会成为一名教师，将 Scratch 教给更多的人。作为他们的教师，在教学相长的过程中，看到学生慢慢地成为我的合作者，甚至成为我所崇拜的人，我深深地体会到作为一名教师的职业幸福，也非常期待着能够有更多的人通过测控传感器的研发过程，打通程序编写、科学研究、创意应用之间的鸿沟，成为一个“数字科学家”。他们的共同特征是“对于任何一个感兴趣的问题都能用科学的研究方法定量地开展研究”，他们的研究是出于好奇心和兴趣而非功利和强迫，他们知道如何获取数据、得出结论，更知道如何和别人分享结论、传播思想。总之，他们将是一群自由的研究者，这个梦想虽然很难但是很值得为之而努力。

自由，虽然是一个“奢侈”的目标，却是人类永恒的追求！

本书整体规划以及第 1 章的编写由吴俊杰负责，第 2 章由贾思博、范力彬编写，第 3 章由吴俊杰、梁森山、朱忠旻编写。

由于作者水平所限，书中疏漏在所难免，欢迎读者批评指正。

北京景山学校　吴俊杰
2013 年 5 月于自缚居

目　录

第 1 章　Scratch 语言基础知识 …… 1

1.1　Scratch 语言简介 …… 1

1.2　第一个 Scratch 2.0 程序 …… 4

1.2.1　注册 Scratch 账号 …… 4

1.2.2　使用帮助菜单完成第一个 Scratch 程序 …… 6

1.3　Scratch 1.4 和 Scratch 2.0 的区别 …… 15

1.4　开始使用 Scratch 网站 …… 21

1.4.1　评论他人作品 …… 21

1.4.2　管理个人信息 …… 22

1.4.3　管理作品集 …… 24

1.4.4　浏览作品 …… 26

1.4.5　好友管理 …… 29

1.5　动画基础 …… 32

1.5.1　跳舞的螃蟹 …… 33

1.5.2　派对舞会 …… 41

1.5.3　致意贺卡 …… 43

1.6　游戏基础 …… 46

1.6.1　变装游戏 …… 46

1.6.2　捉迷藏 …… 48

1.6.3　初级迷宫 …… 50

1.6.4　初级乒乓球 …… 51

1.7　用 Scratch 语言撰写一个研究报告 …… 54

第 2 章　计算机标准配置传感器的应用和改装 …… 59

2.1　按键速度的研究——第一个研究型程序 …… 59

2.1.1　硬件准备 …… 59

2.1.2　搭建程序 …… 60

2.1.3　进行实验 …… 60

2.1.4　数据处理 …… 61

2.1.5 评价反思 …… 62
2.2 用键盘组成的乐队 …… 62
2.2.1 硬件准备 …… 63
2.2.2 搭建程序 …… 63
2.2.3 实际应用 …… 64
2.2.4 评价反思 …… 64
2.3 拆掉键盘——楼梯钢琴 …… 64
2.3.1 硬件准备 …… 65
2.3.2 搭建程序 …… 67
2.3.3 实际应用 …… 67
2.4 用鼠标左键改装的报警器 …… 67
2.4.1 硬件准备 …… 68
2.4.2 搭建程序 …… 68
2.4.3 实际应用 …… 69
2.4.4 评价反思 …… 70
2.5 用鼠标滚轮改装的曲线测量仪 …… 70
2.5.1 硬件准备 …… 70
2.5.2 搭建程序 …… 70
2.5.3 实验与数据处理 …… 71
2.5.4 评价反思 …… 71
2.6 用鼠标制作画图板 …… 71
2.6.1 搭建程序 …… 71
2.6.2 评价反思 …… 73
2.7 用鼠标模拟触摸屏功能 …… 73
2.7.1 功能分析 …… 73
2.7.2 搭建程序 …… 74
2.7.3 评价反思 …… 75
2.8 用麦克风音量值控制的闯关游戏 …… 75
2.8.1 游戏设计 …… 75
2.8.2 程序搭建 …… 76
2.8.3 游戏体验与改进 …… 77
2.8.4 评价反思 …… 77
2.9 用耳机线实现双机通信 …… 77
2.9.1 硬件准备 …… 77
2.9.2 搭建程序 …… 78
2.9.3 实际应用 …… 80
2.9.4 评价反思 …… 80
2.10 改造麦克风——计数器的实现 …… 81

2.10.1　实现原理 …… 81
2.10.2　硬件改造 …… 81
2.10.3　程序编写 …… 82
2.10.4　改进提高 …… 82
2.11　用摄像头制作逐帧动画 …… 82
2.11.1　硬件准备 …… 83
2.11.2　获取图像 …… 83
2.11.3　用摄像头拍摄逐帧动画 …… 83
2.11.4　摄像头连续拍照的间隔时间研究 …… 84
2.12　使用摄像头研究单摆的运动 …… 85
2.12.1　实验装置 …… 85
2.12.2　获取单摆的运动图像 …… 86
2.12.3　用图章技巧生成位置—时间图像 …… 87
2.13　用视频分析法研究人的步行姿态 …… 88
2.14　用图像识别的方法分析运动轨迹 …… 91
2.15　用颜色识别的方法识别数字 …… 96
2.15.1　获取数字图像的并集 …… 96
2.15.2　获取颜色识别的算法 …… 97
2.15.3　将图片识别为数字 …… 97
2.16　在 Scratch 2.0 下用摄像头制作体感游戏 …… 98
2.16.1　摄像头部分的核心代码 …… 99
2.16.2　我的第一个摄像头体感游戏 …… 99
2.16.3　让角色跟着手指动 …… 101
2.16.4　评价反思 …… 102

第 3 章　Scratch 测控板的原理及应用 …… 103

3.1　Scratch 测控板的常见类型 …… 103
3.2　Scratch 测控板入门——传感器的连接 …… 104
3.3　Scratch 测控板的二值量的使用 …… 108
3.3.1　投票装置 …… 108
3.3.2　按钮计数器 …… 110
3.3.3　启动装置 …… 111
3.3.4　报警器 …… 112
3.3.5　用 4 个端口制作方向控制游戏 …… 114
3.4　二值量的组合应用：3-8 译码器 …… 115
3.4.1　3-8 译码装置的原理 …… 116
3.4.2　用铜箔制作一个简单的 3-8 译码器 …… 117
3.4.3　制作键盘式的 3-8 译码器 …… 118

3.4.4 互动效果设计…… 120

3.5 标定实验入门——滑杆传感器的标定 …… 121

3.5.1 用滑杆传感器玩互动游戏…… 121

3.5.2 用滑杆传感器制作卡尺…… 124

3.5.3 确定游标卡尺的分度值…… 128

3.6 曲线关系的标定初步——光敏黑白扫描仪 …… 129

3.6.1 利用光敏电阻实现灰度识别…… 129

3.6.2 计算机作为光源的灰度扫描仪…… 131

3.6.3 改进程序使其拼接效果更好…… 134

3.7 曲线关系的标定提高——光场的研究 …… 136

3.7.1 探究 LED 灯的等效功率 …… 136

3.7.2 探究光强与距离的关系——制作一把光尺…… 137

3.7.3 探究平面光场的光强…… 139

3.8 曲线关系的直化——用 Scratch 测控板测电阻 …… 141

3.8.1 实验装置…… 142

3.8.2 确定稳定的对应关系…… 142

3.8.3 标定实验…… 143

3.8.4 曲线的直化…… 143

3.8.5 检验并修正…… 144

3.8.6 讨论…… 145

3.9 如何通过测量实现精确的控制 …… 146

附录 Labplus Scratch Box 套件说明…… 152

参考文献…… 155

第 1 章　Scratch 语言基础知识

1.1　Scratch 语言简介

Scratch 是由麻省理工学院媒体实验室开发的一款适合青少年入门的程序语言，它采用图形化界面编写程序，图 1.1 所示就是一个角色及其程序，从中可以看出图形化的程序也有各种逻辑结构，每一类指令在 Scratch 语言中用一种特定的颜色表示。

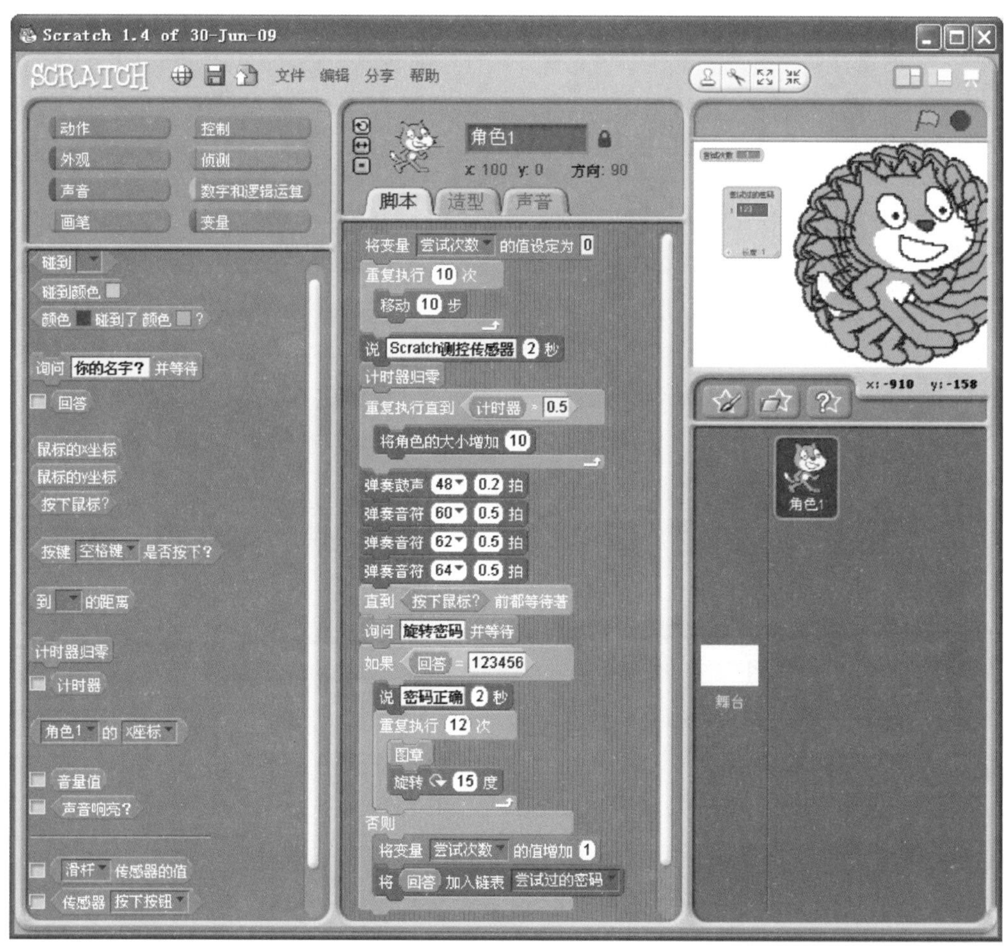

图 1.1　Scratch 语言的界面和模块功能

从图 1.1 中的中部程序可以看到,Scratch 有比较丰富的指令集,可以完成从多媒体到游戏设计,从科学研究到工程应用的一系列程序,本书的重点是测控传感器的研发,所以首先重点介绍一下图 1.1 中左侧的侦测模块,如图 1.2 所示。

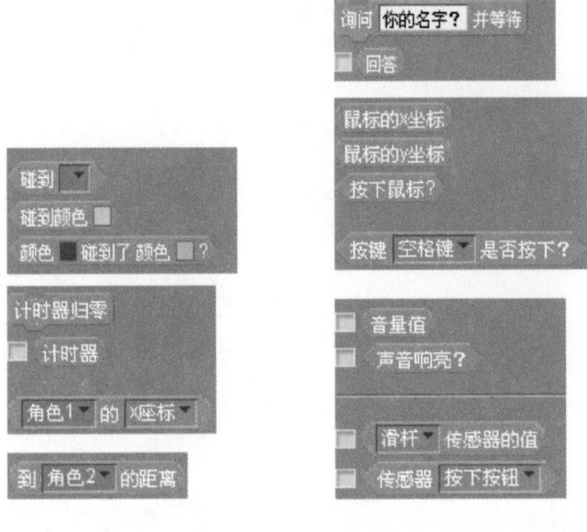

(a) 计算机内部的信息　　(b) 获取计算机外部的信息

图 1.2　侦测模块功能介绍

在侦测模块中,如果从人和计算机交互的角度来分类,程序可以侦测到的信息分为两类: 第一类是程序内部可以引用计算机内置的一些信息,与人对计算机操作没有直接的关系; 第二类是人在操作计算机的过程中通过计算机的外设向计算机输入的信息,这一系列操作包括按下键盘、移动鼠标、用麦克风说话、用摄像头拍摄图片等,这些信息都是通过感测设备来实现的,本书的前半部分试图将这些计算机常见的外设通过编写程序使其成为科学探究实验的实验仪器的一部分,后半部分将会使用 Scratch 测控板来感测更多的外部信息,包括按钮、光线、滑杆、电阻变化等一系列信息。Scratch 测控板和传感器如图 1.3 所示。这是 Seneasy 出品的 Labplus 传感器板,这种传感器板除了一般传感器板所具有的输入外界环境信息的功能外,还可以输出信息,控制电机、蜂鸣器、LED 等多种输出装置。

在 Scratch 语言中,有些传感器的感测量只有两种可能,比如"按下鼠标"只有成立和不成立两种情况,像这种只有两种状态的感测量称为"二值量"。而像鼠标 x 坐标、滑杆传感器的位置这些有很多数值的感测量称为"多值量"。二值量用两头尖的模块表示,多值量用两头圆的模块表示。二值量可以直接放进条件判断中,当作判断的条件; 而多值量必须通过"等于、大于、小于"的判断才能作为条件判断的条件。

编写的 Scratch 程序可以通过单击"分享"菜单中的"将此作品在 Scratch 网站上分享"命令,将作品上传到 Scratch 的官方网站 scratch. mit. edu。首先需要先注册用户,注册后就会有一个个人作品的主页,完成上传之后,作品就可以在线下载和评论。如图 1.4 所示,上传的过程中要记录一些程序的信息。

图 1.3 Scratch 测控板和传感器

图 1.4 上传 scratch 作品

图 1.4 中介绍了本书的服务网站：www.edumaker.com，在这个网站上将会提供课程的教学视频，所有案例都会在 http://scratch.mit.edu/users/towujunjie 上共享。另外，课程所需要的硬件可以在 http://ezcomel.taobao.com 上找到。本书的读者 QQ 群号为 136245948。

1.2 第一个 Scratch 2.0 程序

2012 年 7 月，笔者在麻省理工学院参加 Scratch 2.0 发布会时，Scratch 2.0 只能在麻省理工学院校园内部进行网络测试，笔者有幸第一时间接触到 Scratch 2.0，就在 2013 年 9 月，Scratch 2.0 发布了离线测试的版本，可以说这个版本的到来表明 Scratch 2.0 已经比较成熟了，接下来就介绍一下 Scratch 2.0，并将它和 Scratch 1.4 做一比较。

1.2.1 注册 Scratch 账号

Scratch 2.0 是一款基于网页的编程工具，通过浏览器用户就可以完成程序的编写和调试。登录 scratch. mit. edu 网站，注册一个账户就可以在线编程，但是需要注意，Scratch 2.0 网站的显示不支持版本比较低的浏览器，Scratch 官方网站上推荐的是 Google 的 Chrome 浏览器，可以在 www. edumaker. org 网站下载并安装，如图 1.5 所示。

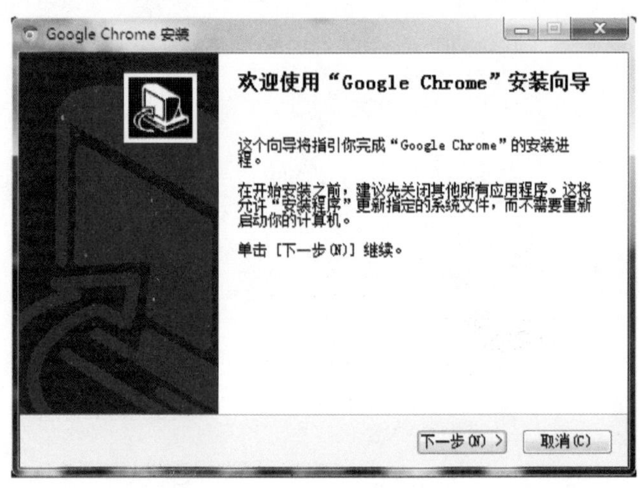

图 1.5 “Google Chrome”安装界面

安装成功后登录 scratch. mit. edu，就可以开始注册用户了。Scratch 网站如图 1.6 所示。

Scratch 1.4 的网页界面如图 1.7 所示，可以看出 Scratch 2.0 网站的界面更加简洁，但是一开始都是介绍优秀的作品。在 Scratch 1.4 中，可以将作品上传到网站上，图 1.7 所示的超过 193 万个程序都是来自世界各地的 Scratch 学习者贡献的，这些程序在 Scratch 2.0 的网站上仍然可以浏览和运行。更重要的是，还可以在线编辑和修改。但是首先需要单击图 1.6 右上角的“加入 Scratch 社区”注册一个账号。

如图 1.8 所示，填写用户名和密码，这里可以自己填写用户名，但如果是一个小组或者一个学校注册，还期望能够通过用户名找到该同学，比如图 1.8 所示的用户名中，bj 表示北京，js 表示景山学校，13-1-1 表示 2013 年入学的初一(1)班的学号为 1 号的同学，这样方便老师统计学生的情况。

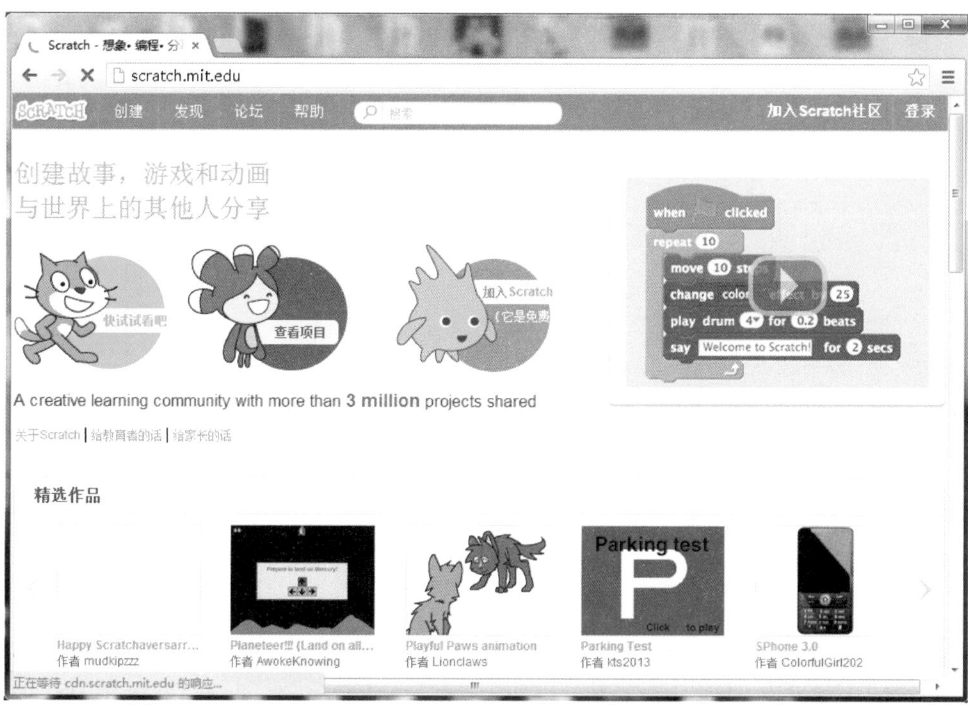

图 1.6　Scratch 2.0 的网站界面

图 1.7　Scratch 1.4 对应的网站界面

图 1.8 填写用户名和密码

单击“下一个”按钮后，填写个人信息，如图 1.9 所示。其中 towujunjie@163.com 是笔者的电子邮箱。

图 1.9 填写个人信息

注册完成后界面如图 1.10 所示。值得注意的是，Scratch 网站上大部分用户都是未成年人，因为每个人都可以对别人的作品发表评论，因此网站提醒用户注意语言的文明。

1.2.2 使用帮助菜单完成第一个 Scratch 程序

首先单击图 1.10 所示“那就让我们开始吧！”，可以自学 Scratch 的用法。提醒读者

图 1.10　注册完成界面

注意的是,Scratch 语言非常适合自学,如果在阅读本书的过程中,能够在 Scratch 网站上自学一些别人编写的程序中的技巧,将会极大地提高编程水平。

单击“学习如何制作项目”,会看到一个教程,如图 1.11 所示。

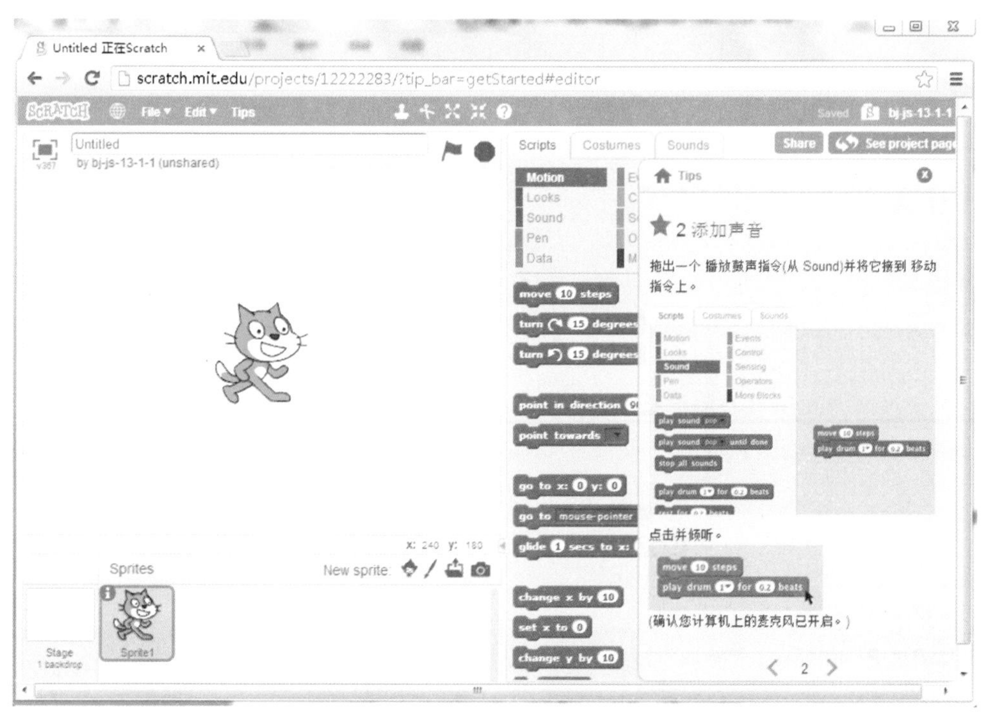

图 1.11　Scratch 网站自身提供的教程

根据 Scratch 网站上提供的教程，可以一步一步地完成一个最简单的项目，但是教程中的图片目前还是英文的。编程界面也是英文的，如图 1.12 所示，可以通过语言选项来变换语言，Scratch 支持二十多种语言。之前有瑞典的老师和学生访问笔者的学校，他们并不懂得中文，英文也不是很好，但是他们仍然可以用瑞典语版本的 Scratch 来学习编程，因为语言虽然不同但是思维是相通的。

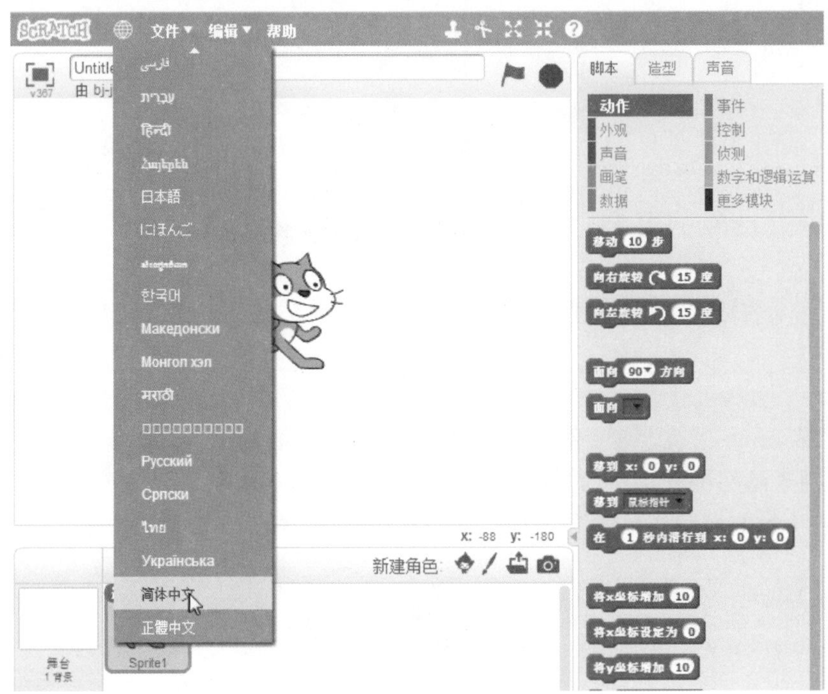

图 1.12　将 Scratch 的编程界面修改成中文

图 1.13 是按照教程将中间区域的代码拖动到右侧编程区域的一个过程，重复执行 10 次指令将内部的运动和发声模块连接起来，在连接的过程中，可以看到即将连接成功时会出现一个白色的框提示已经连接好。

双击右侧的代码，可以看到小猫一边走一边跳舞的场景。

在紫色的菜单中选择“说”的代码可以让小猫说一段文字，如图 1.14 所示。可以看出所有跟动作有关的代码都用蓝色表示，所有跟声音有关的代码都用玫瑰色表示，这是 Scratch 的一个特点，就是用一种颜色表示类似功能的指令。

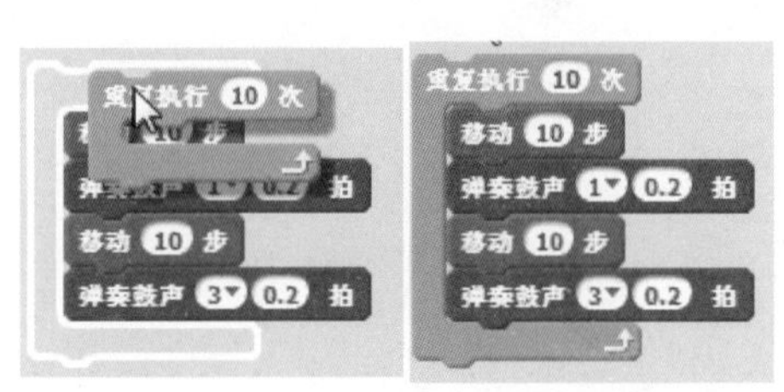

图 1.13　将程序块连接起来

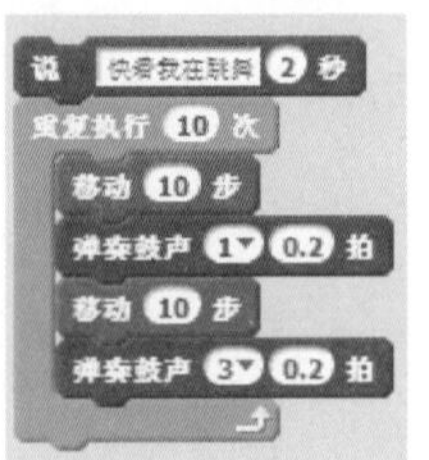

图 1.14　添加说话功能

上面的程序在每次运行时都需要双击代码，这样很不方便，接下来我们在程序的最开始添加一个启动代码，用单击绿旗作为启动程序的条件。在事件类中，选择“当‘绿旗’被单击”，将它和下面的程序块连接起来，这样单击图 1.15 右侧舞台小猫上方的绿旗，就可以启动程序了。

接下来将外观菜单中的“颜色特效增加 25”拖动到舞台上并双击，看看小猫的颜色发生了怎样的变化，如图 1.16 所示。如果期望代码排列得更整齐，可以在空白处右击，在弹出的快捷菜单中选择 cleanup 命令，意思是整理，把代码摆放整齐。

图 1.15　单击“绿旗”启动程序

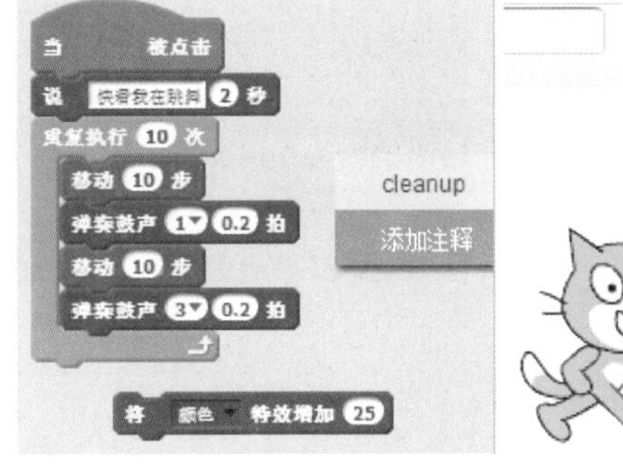

图 1.16　改变颜色特效

和上面的代码一样，也需要一个启动颜色改变代码的事件，选择“当按下右移键”事件作为触发条件，如图 1.17 所示。按键触发条件的默认值是空格键被按下，可以试一试，按下右移键时小猫的颜色发生了怎样的变化，如果按住右移键不放小猫的颜色又会有怎样的变化，按多少次右移键小猫的颜色才能回到初始的状态。

这样小猫除了自己能够跳舞之外，还能随着不同控制改变颜色。既然小猫在跳舞，就一定要有一个背景舞台才好，如图 1.18 所示，在背景库中选择一个舞台。

图 1.17　用右移键控制颜色特效的改变

图 1.18　添加背景

这样小猫就可以在舞台上移动了，如图 1.19 所示。

单击最上排右上角的红点所代表的“全部停止”按钮，可以在程序运行的过程中停止这个程序，中间的文字框可用来输入程序的名称，左侧的 [■] 按钮用来将程序全屏展示，如图 1.20 所示。细心的读者可能会发现，在全屏之后，小猫的边缘仍然很清晰，但是舞台却出现了像颗粒一样的模糊点，这是由于小猫是通过矢量图工具绘制的，矢量图最大的特点是通过数学公式来确定形状，放大之后不会模糊，而背景图片是一张普通图片，所以放大之后就模糊了。提供矢量图绘图工具是 Scratch 2.0 的一个重要改进。

图 1.19　小猫在舞台上移动

图 1.20　全屏显示的效果

在全屏显示之后，帮助菜单隐藏了，单击图 1.21 所示的“?”，可以将帮助菜单调回。小猫下方显示了当前小猫的位置坐标。

接下来再添加一个新角色。在舞台的左下角可以添加角色，添加新角色的方法有很多，如图 1.22 所示。

图 1.21　显示帮助菜单

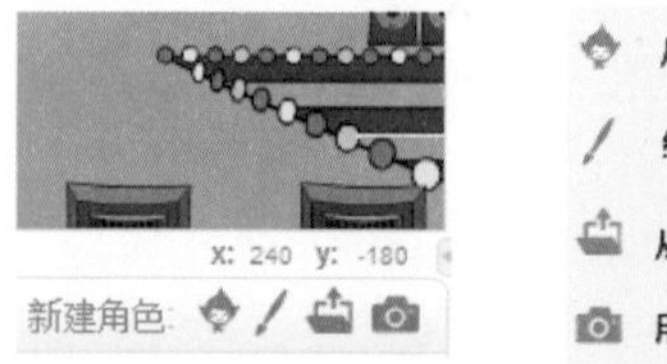

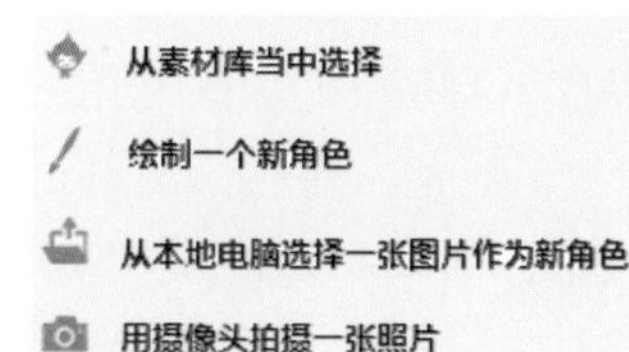

图 1.22　添加新角色

从素材库选择一位跳舞的女生(Cassy Danceing)和小猫一同起舞,如图 1.23 所示,她存放在人物类素材中。选择成功后,新角色就站在舞台中央了。

图 1.23 添加新角色

下面要让这个女生给小猫的舞蹈伴唱,新建声音的方法有很多。我们选择用麦克风录制一段声音,如图 1.24 所示。

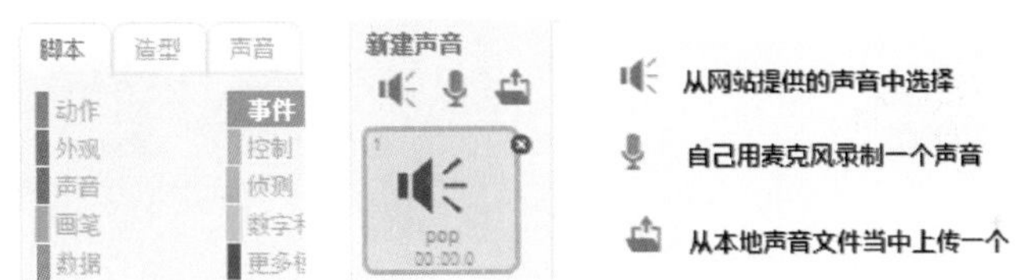

图 1.24 添加声音

单击“录音”按钮,网页会提示是否允许打开麦克风,如图 1.25 所示,单击“允许”按钮。

图 1.25 在网页上录音

录音完成之后,单击中间方形的“停止”按钮可以停止录音,效果如图 1.26 所示。

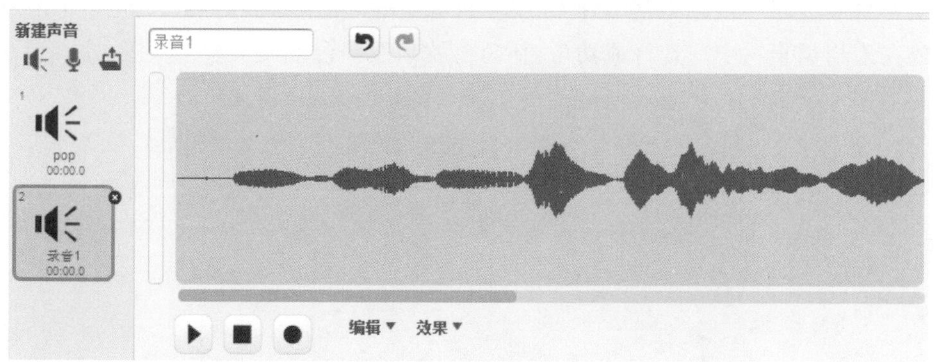

图 1.26　在线录音

此外，也可以选择上传一段本地的声音。在 Scratch 2.0 中会显示出本地音乐的波形，与 Scratch 1.4 相比添加了对 MP3 格式文件的支持，如图 1.27 所示。选择多余的声音文件后，可以将其删除，在线编辑音乐的长度。

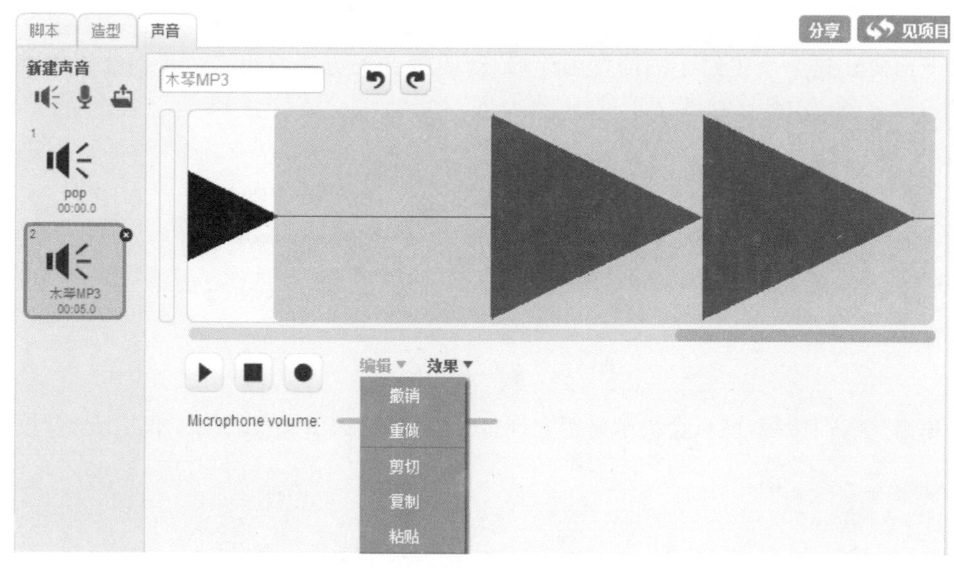

图 1.27　编辑声音

选择一段音乐之后还可以添加淡入淡出等简单的音效，如图 1.28 所示，接下来可以在该角色的脚本区添加 播放声音 木琴MP3 代码来播放声音。

还可以给这位跳舞的女生添加一些舞蹈动作。选择“造型”菜单，发现该角色有多个舞蹈造型，如图 1.29 所示。

请按照不同的颜色找到相应代码的位置，按照图 1.30 所示编写代码，让她的造型每隔 1s 切换一次，实现跳舞的效果，并将音乐加入其中。

接下来就是保存和分享项目。将文件的名称修改好之后，单击 见项目页 ，就看到了如图 1.31 所示的作品，单击右上角的“共享”按钮，可以让其他人看到作品，也就是正式发布。其中右侧“说明”区域用来告诉别人这个软件如何使用，下面的“备注和致谢”用于感

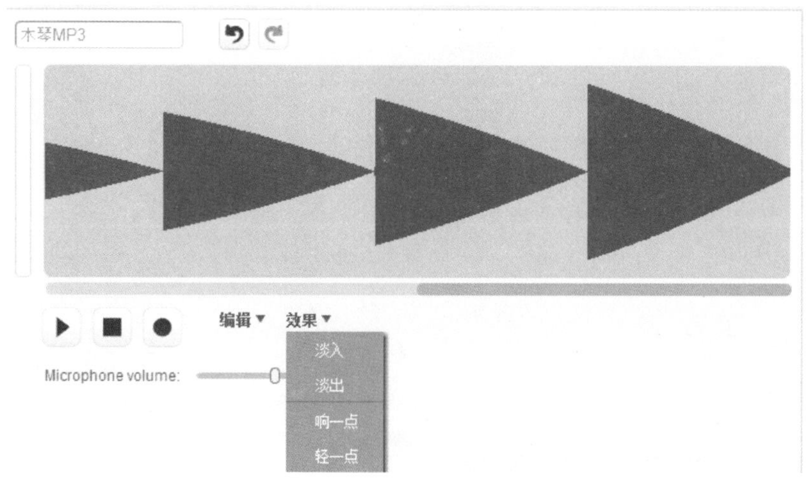

图 1.28 淡入音效

图 1.29 一个角色的多个造型

谢曾经复制过代码的用户。最下面的虚线框可以添加作品标签，网站的访问者可以通过搜索标签关键词来访问作品。

Scratch 2.0 提高了对作品知识产权的保护，所有作品分享后的默认状态是“可以共享”，即他人可以复制其中的角色和代码，但是 Scratch 2.0 对于从其他用户处复制的代码有完整的追溯机制。

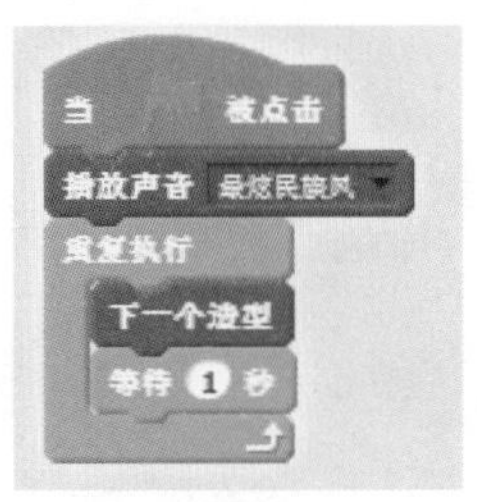

图 1.30　切换造型播放声音

图 1.31　发布这个作品

关于分享和知识产权其官网的声明如下。

什么是再创作

当一个 Scratch 用户复制其他人的作品并增加自己的建议(比如修改脚本或造型)得出的作品就是“再创作”的作品。每一个分享的项目都可以被再创作。任何一处细微的修改都是值得认可的，只要向原作者以及为再创作付出很多的人表示感谢即可。

为什么 Scratch 团队要求所有的项目都是可“再创作”的?

我们相信查看和再创作有趣的项目是学习编程的好方法，并可登出出色的新想法。这就是为什么在 Scratch 网站上分享的每个项目的源代码都是可视的原因。

如果我不希望其他人对我的项目再创作时怎么办?

在 Scratch 上公布项目时，需要您同意“知识共享”的协议。如果您不希望他人查看或再创作您的作品，则不要在 Scratch 网站上分享。

我可以在我的项目中使用网络上下载的图像/声音/媒体资源吗?

再创作时尊重原作者的意愿十分重要。如果您选择将他人的作品整合成自己的作品时，确保在“致谢”栏表示感谢，并添加原作品的链接。查找已经同意再创作的作品，单击“知识共享查询页面”。

完成分享之后，就可以继续创作其他作品了，或者单击 转到设计页 继续修改你的作品。

这里稍作说明的是，每个作品下方都有评论窗口，如图 1.32 所示。注册后的用户都可以对任何作品进行评论，程序的原始作者也可以通过勾选 Turn off commenting 复选框关闭评论功能。

图 1.32 评论 Scratch 作品

到此，也只是开了一个头，可单击首页上的优秀作品，看看都有哪些奇妙的效果吧！

1.3 Scratch 1.4 和 Scratch 2.0 的区别

事实上，上面的代码同样可以通过 Scratch 1.4 来完成，如图 1.33 所示，Scratch 2.0 和 Scratch 1.4 的代码都是通用的。本书会同时用到 Scratch 2.0 和 Scratch 1.4，因此可

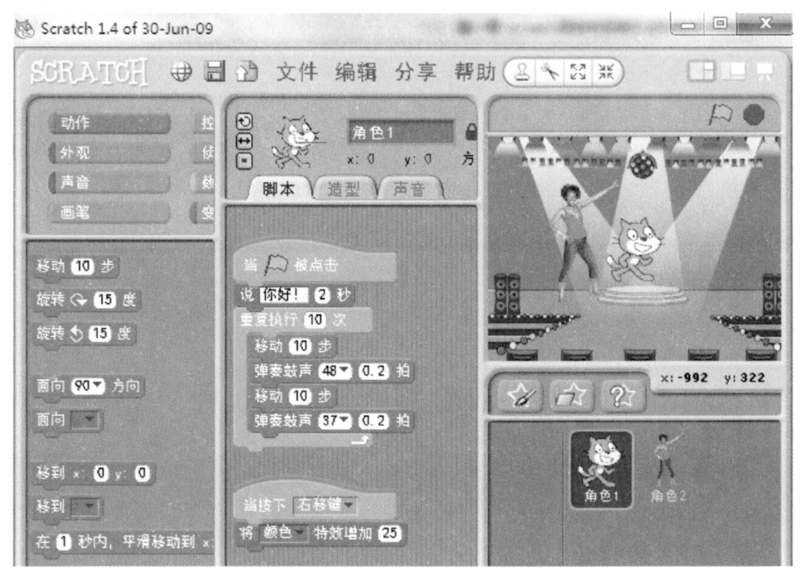

图 1.33 Scratch 1.4 界面

以通过把上一节的程序在 Scratch 1.4 中改写来学习 Scratch 1.4。

通过上一节的介绍,已经可以了解 Scratch 2.0 和 Scratch 1.4 的一些区别,下面具体谈一谈两者的其他区别。

1. 脚本选择区中增添了事件类

添加的事件类如图 1.34 所示。

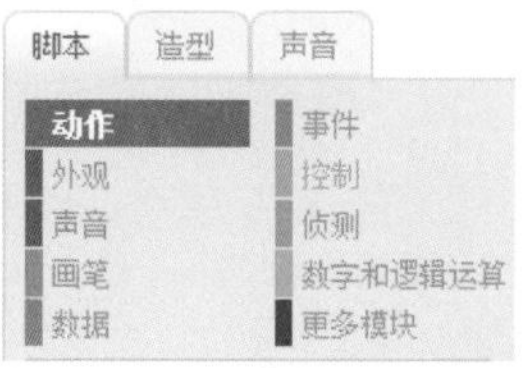

图 1.34 事件类

事件类的具体内容如图 1.35 所示,与 Scratch 1.4 相比,增添了"当背景切换到"和"当响度大于……"两个代码,更方便编写一些小游戏。

此外,增添的"更多模块"类(图 1.34)允许添加子函数,这个功能将会在后文中介绍。

2. 摄像头功能的增强

在 Scratch 1.4 中,每个造型都允许通过照相的方式获取新造型,如图 1.36 所示。

图 1.35 事件类菜单

图 1.36 用摄像头采集照片

在 Scratch 2.0 中,可以动态地采集摄像头的图像信息,打开图 1.37 所示的"将摄像头开启"选项,背景就会叠加上当前的摄像头信息,如图 1.38 所示。

可以看到,图 1.38 中摄像头拍摄的动态画面和原来的背景叠加了起来。

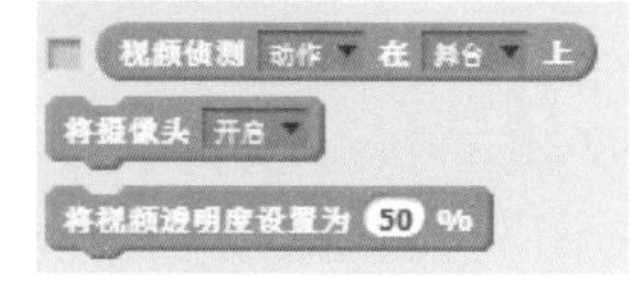

图 1.37 摄像头代码

3. 文件的保存和上传

Scratch 1.4 要将文件保存在本地,需要选择"文件"菜单的"存档"命令,如图 1.39 所示。

图 1.38　摄像头动态捕捉的画面作为程序背景

在 Scratch 2.0 中，新建文件之后系统会过一段时间自动保存。

在 Scratch 1.4 中，可以将作品上传到 Scratch 网站中；在 Scratch 2.0 的网页版中，本身就是在 Scratch 网站中编辑，无须上传。在网站上的作品可以单击“文件”菜单中的“下载到您的计算机”命令，把作品保存到本地，但是 Scratch 2.0 的程序无法用 Scratch 1.4 打开，如图 1.40 所示。

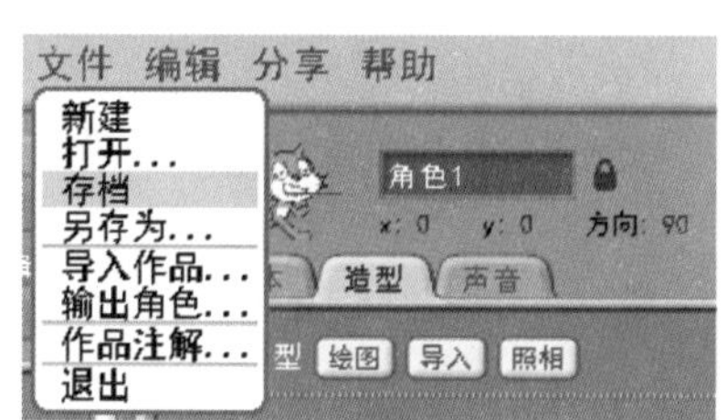

图 1.39　保存文件

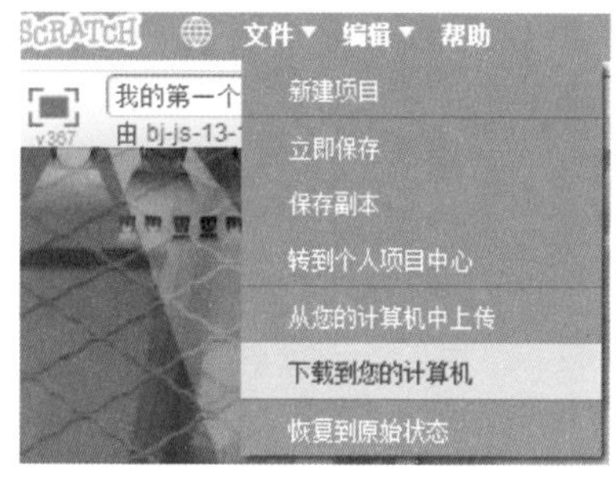

图 1.40　将网络程序下载到本地

目前，Scratch 2.0 目前已经发布了离线版，用户可以脱机编程。Scratch 2.0 的本地版可以在 Scratch 网站上下载，也可以在本书的专属网站 www.edumaker.org 上得到，在后文中将使用 Scratch 2.0 的离线版编写程序。

4. 代码的引用

在 Scratch 1.4 中，倡导作者在上传作品时将引用别人的作品标注清楚，但是不做强制要求，如图 1.41 所示。

但是在 Scratch 2.0 中，若用户 towujunjie 访问了用户 bj-js-13-1-1 的作品，选择“再创作”就可以在上面作品的基础上进行改进，如图 1.42 和图 1.43 所示。

分享再创作之后的作品，作品显示页面会指出原项目的网址和作者，如图 1.43 所示。

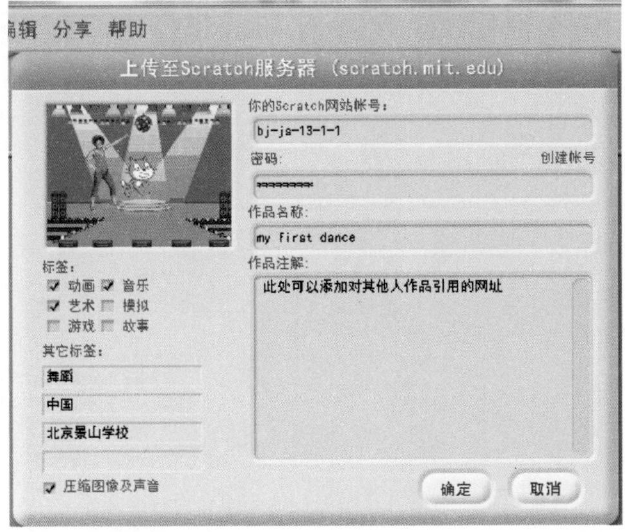

图 1.41 分享作品

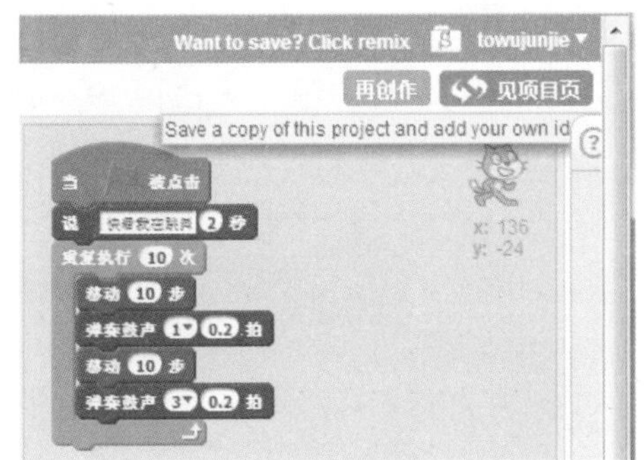

图 1.42 再创作

图 1.43 再创作的作品会显示原项目的地址

此外,在原项目的网页上同样也会显示出有哪些人的哪些作品对原项目进行了再创作,如图 1.44 所示。

5. 代码的暂存

在 Scratch 1.4 中,从另一个程序中复制一段代码的方法是:先输出含有代码的角色,然后再导入到另一个程序中,如图 1.45 所示。

图 1.44 显示再创作状态

图 1.45 从一段程序中复制一段代码

这在 Scratch 2.0 中要方便很多，在浏览别人作品的时候，代码区的下方有一个叫“书包”的区域，如图 1.46 所示。

可以把他人的角色、代码、声音、造型直接拖动到书包里面，然后就可以在自己的程序当中随意使用，如图 1.47 所示。

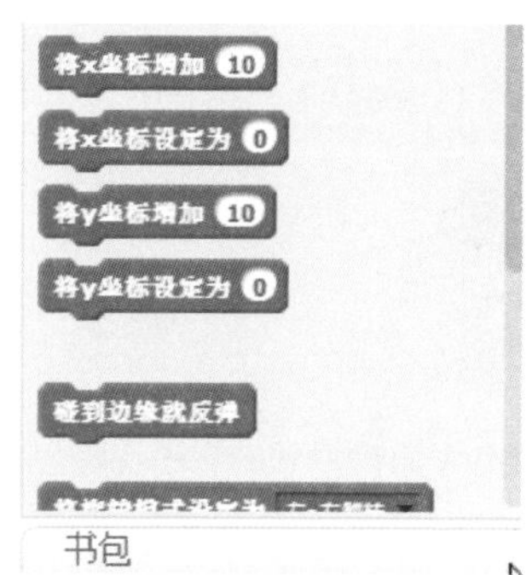

图 1.46　代码书包

图 1.47　将角色放入书包

当自己的作品在编辑的时候，书包里的东西随时都可以导入到自己的程序中，如图 1.48 所示，使用起来很方便。

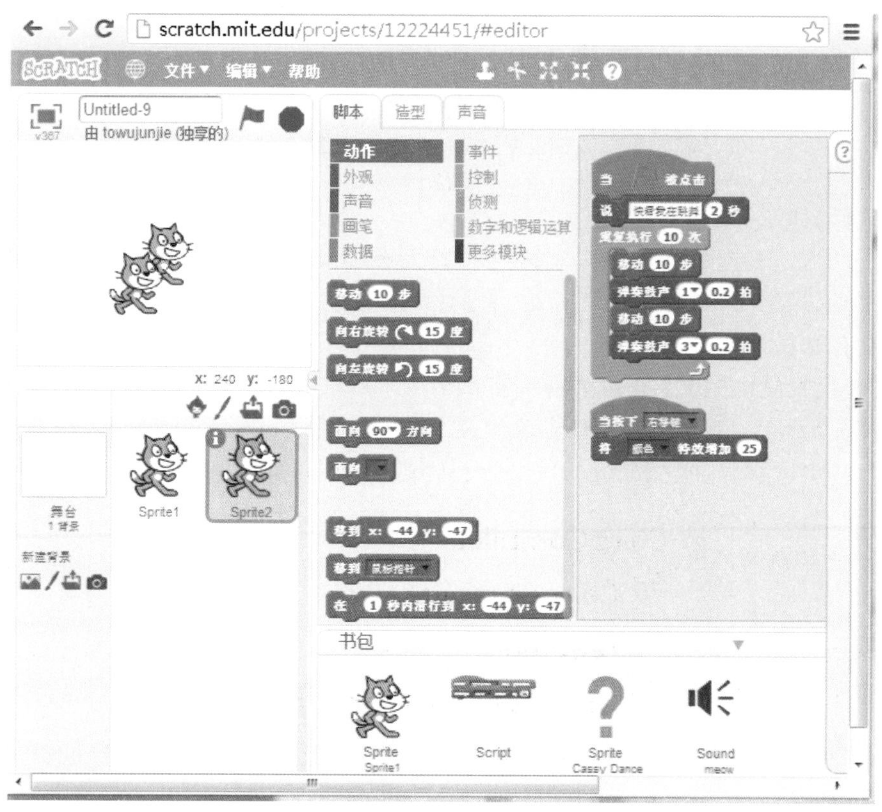

图 1.48　将书包中的内容导入进新程序中

6. Scratch传感器板

目前Scratch 2.0的在线版和离线版都不支持Scratch传感器板，若要使用传感器板还需要使用Scratch 1.4。但是在“感测”菜单中Scratch 2.0增加了3个侦测量，如图1.49所示。

图1.49 程序可以侦测当前在线浏览人的用户名

特别是当前用户名的功能，对于编写复杂程序十分有用，如图1.50所示。

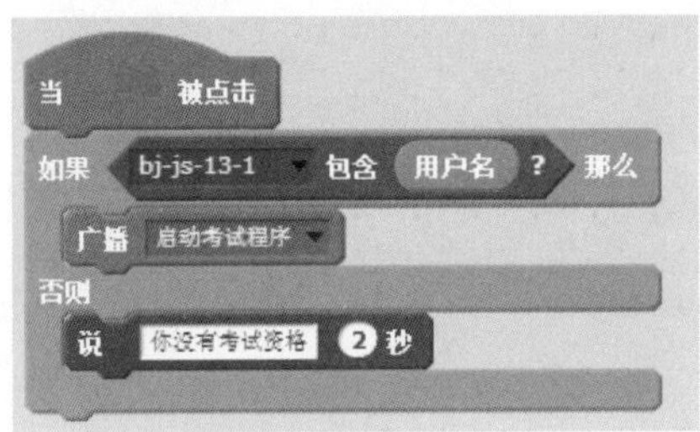

图1.50 验证当前浏览的用户名是否有考试资格

7. 软件的发布

Scratch 2.0目前只支持网页浏览，不支持发布成.exe文件，但是Scratch 1.4可以支持发布为.exe文件。

在没有安装Scratch的计算机上，无法直接打开使用Scratch制作的扩展名为.sb的文件，此时就需要将程序源文件发布为扩展名为.exe的可执行文件，以方便分享或发布。首先需要将Scratch源文件的文件名改为英文字母并保存。安装Scratch2exe程序，该程序也称为ChirpCompiler，见图1.51，由Scratch的另一个版本BYOB团队开发。

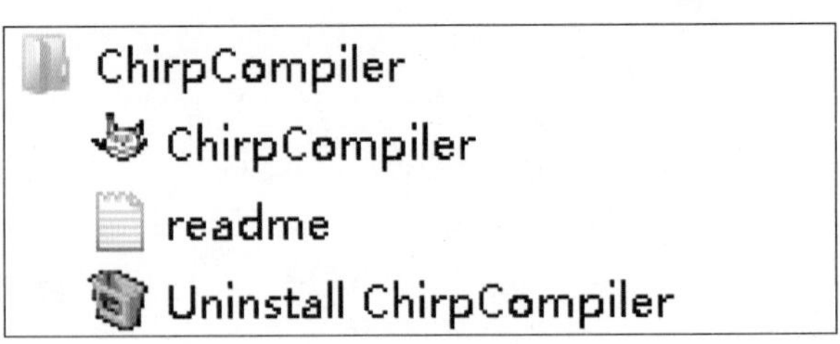

图1.51 安装Scratch2exe

接下来选择Scratch 1.4的原始文件，如图1.52所示，单击“打开”按钮。然后需要选择一个ico图标，如果没有ico文件，请单击“取消”按钮。

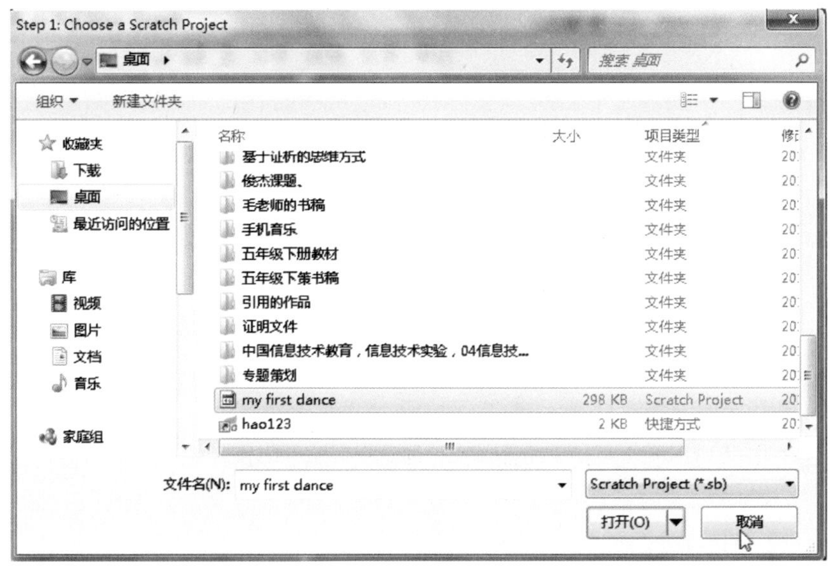

图 1.52　选择要转化为 .exe 文件的 Scratch 1.4 原始程序

随后生成的文件 my first dance 就可以直接双击打开了。

1.4　开始使用 Scratch 网站

1.4.1　评论他人作品

在 Scratch 网站中，最重要的功能是能够结交许多朋友，结交朋友最好的方式是，查看别人的程序并且提供中肯的意见。首先，如何找到其他同学的程序呢？使用用户名搜索是一个好方法，如图 1.53 所示，登录以后，使用 bj-js-13-1 作为搜索词可以找到所有同学的作品，如图 1.54 所示。

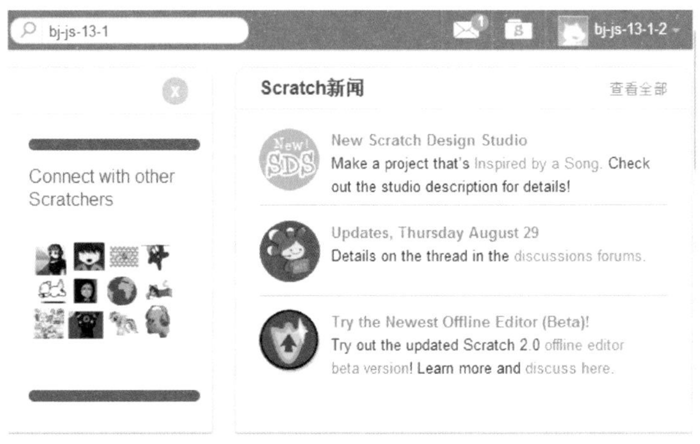

图 1.53　搜索作品

图 1.54　查看搜索作品

单击这个作品，就可以评论和再创作了，如图 1.55 所示。

图 1.55　评论他人的作品

当然，不仅要和中国人交流，通过搜索你还很可能找到其他国家的朋友。通过 Chrome 浏览器的在线翻译，可以将留言翻译成英文，然后再发布。

1.4.2　管理个人信息

登录之后单击“个人中心”可以修改个人信息，如图 1.56 所示。

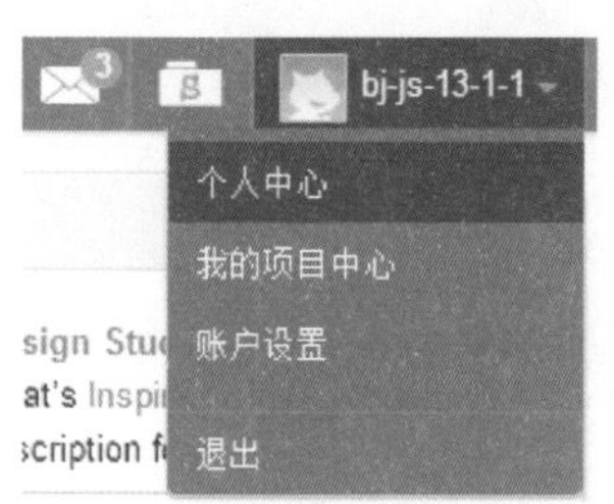

图 1.56　管理个人中心

进入个人中心之后，如图 1.57 所示，可以管理个人的信息。

单击左上角的头像可以修改自己的图片，个人页面的中心是最近上传的作品或者评价比较高的作品，修改后的主页如图 1.58 所示。

右上角的邮件图标显示有 3 个未读消息，单击该图标，如图 1.59 所示，其他用户的评论和再创作信息一目了然。如果其他用户期望添加好友，信息也会显示在这里。

图 1.57 管理个人信息

图 1.58 修改个人资料

消息

在今天发送

bj-js-13-1-2 commented on your project 我的第一个作品 4:29 p.m.

towujunjie remixed your project 我的第一个作品 as 我的第一个作品 remix 3:01 p.m.

Welcome to Scratch! After you make projects and comments, you'll get messages about them here. Go Explore or make a project.

图 1.59 消息框

右击图标旁边的文件夹图标可以管理所有上传的作品，图 1.60 所示为用户 towujunjie 的所有作品。

图 1.60　管理用户的作品

其中，单击“转到设计页”按钮可以编辑当前的作品，其他用户的评论情况在该作品的右侧显示出来。

1.4.3　管理作品集

图 1.60 中左侧显示已经发布的项目(共享项目)和未发布的项目(非共享的项目)的数目，在这两项之下是作品集的管理。单击该按钮可以查看已有的作品集，如图 1.61 所示。

图 1.61　查看已有的作品集

建立作品集的目的是将自己或者他人的 Scratch 作品整理归类，图 1.62 中既有自己的作品，更多的是将他人的作品结集成册，因为大部分时间都是在 Scratch 网站上浏览作

品，如果看到好的作品，迅速整理在作品集中，或者和作品的作者成为好友，将会在很大程度上提高自己的 Scratch 水平。

图 1.62　查看作品集

一个作品集的管理员可以有很多人，让有共同爱好的人共同添加一个作品集，这时可以邀请他人作管理员，如图 1.63 所示。

图 1.63　添加管理员

管理员可以通过用户名输入，也可以添加自己的好友为管理员。此外，教师推荐作品的评论显示了用户对该作品集的评论，Activity 的意思是一个日志，添加作品的操作会记录在日志中。

1.4.4 浏览作品

对于新注册的用户，在作品栏的下方有“收藏的项目”和“关注”两个选项卡，如图 1.64 所示。

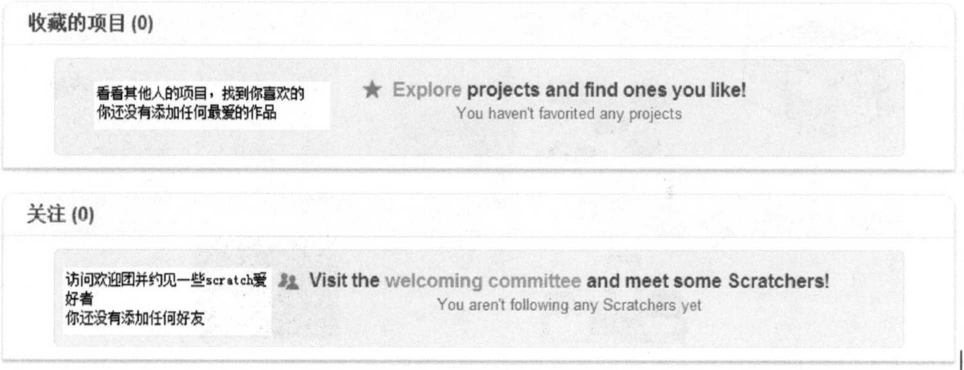

图 1.64 管理收藏和关注

单击上面的 Explore 可以看到目前 Scratch 的各个分类的典型作品，如图 1.65 所示。

图 1.65 Scratch 网站的推荐作品

可以浏览这些推荐的作品，这些推荐的作品的共同特点是被“赞”、收藏和再创作的次数都很多。选择其中的一个作品查看一下，如图 1.66 所示。

这个作品需要引用使用者信息，因此在打开作品之前，网站会提醒用户名信息会被开发者获取，如果不希望别人获取自己的个人信息，查看作品之前需要退出登录。很多作品

图 1.66　查看优秀作品

是英文作品，可以将其说明复制之后通过百度翻译(translate. baidu. com)译成中文，如图 1.67 所示。

图 1.67　翻译说明和备注

在线翻译常常会出错，比如图 1.67 中黑框的部分翻译有误，但是一般来讲，游戏规则的翻译一般都是正确的，至少可以通过翻译来试玩一下这个游戏(图 1.68)，游戏地址：http://scratch.mit.edu/projects/11704649/。

通过试玩发现这款游戏还是比较好的。单击五角星可以将这个游戏放在自己的收藏夹中，在图 1.69 中会看到这个游戏。

单击“分享到”按钮，就会得到一段代码，通过这段代码可以在博客或者微博中引用这段作品，如图 1.70 所示。

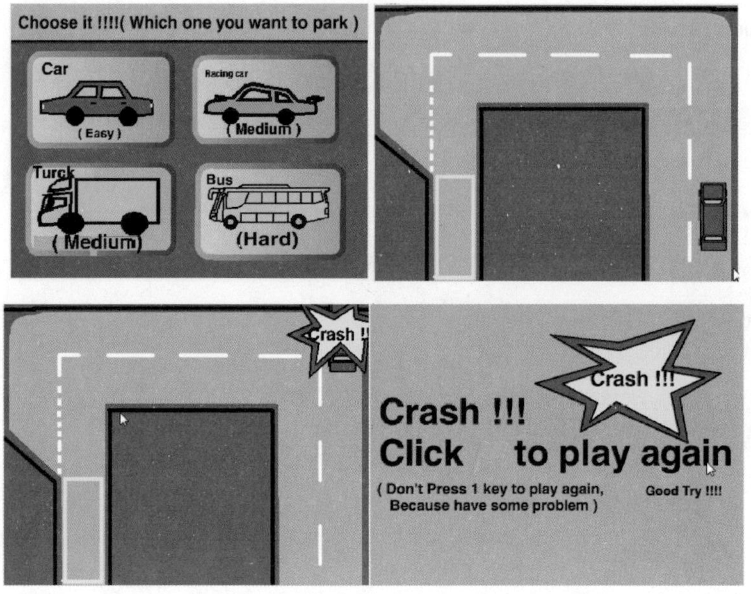

图 1.68　停车游戏界面

图 1.69　收藏作品

图 1.70　分享作品

“加入”按钮可帮助用户将作品放在自己有权利添加作品的作品集中；“举报”按钮用于举报不良行为或作品；“Cloud Data Log”按钮的功能是记录一个与这个作品有关的用户的数据。

比如作品：学校购物车(http://scratch.mit.edu/projects/11820991/)，每周会随机地生成一个中奖的人，参与抽奖的人的个人信息和是否中奖的情况将会显示在云数据列表中，如图 1.71 所示。

如果一个作品被再创作的次数很多，网站会生成一棵“创作树”，显示这个原始版本逐渐改善的情况，单击按钮可查看创作树，如图 1.72 所示。

Back to School Shopping! » 云数据历史

用户	数据名称	动作	数据值	时间
sdschmidt	☁ x	set_var	424	24 分钟之前
trippinteacher	☁ x	set_var	396	1 Singular天Plural天, 11 小时 之前
trippinteacher	☁ x	set_var	395	1 Singular天Plural天, 11 小时 之前
ipad123ipad	☁ x	set_var	394	1 Singular天Plural天, 12 小时 之前
zakyboy456	☁ Customer of the Week:	set_var	0	1 Singular天Plural天, 13 小时 之前
zakyboy456	☁ x	set_var	393	1 Singular天Plural天, 13 小时 之前
SuperiorStuff	☁ x	set_var	392	1 Singular天Plural天, 23 小时 之前
Joelbot2000	☁ x	set_var	391	2 Singular天Plural天, 3 小时 之前
ACBscratch	☁ x	set_var	390	2 Singular天Plural天, 4 小时 之前
piepersonel	☁ x	set_var	389	2 Singular天Plural天, 6 小时 之前
piepersonel	☁ x	set_var	388	2 Singular天Plural天, 6 小时 之前
piepersonel	☁ Customer of the Week:	set_var		星期四, 5 九月 2013 19:[illegible]00 +0000

图 1.71　云数据的引用

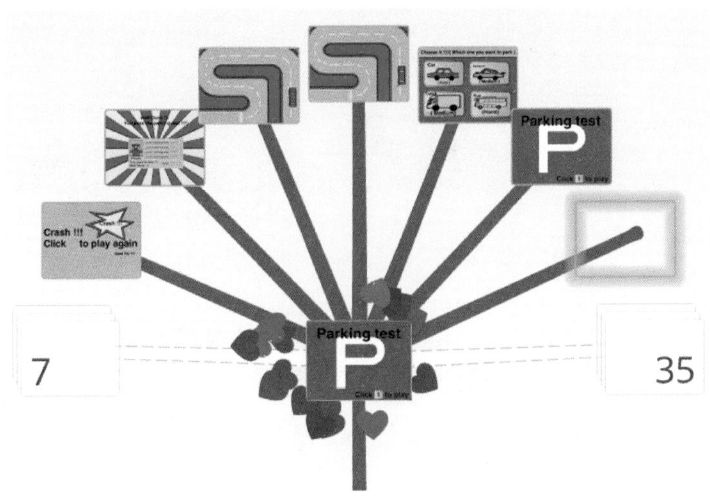

图 1.72　创作树

这种可视化的在线工具的目的是激发创意，挖掘作品的再生价值，如果二次创作的作品再次被创作，会生成更为复杂的创作树。优秀作品的下方往往会有很多的评论，这些评论也可以翻译成中文阅读。

1.4.5　好友管理

如果期望能够持续关注上面游戏作者的其他作品，或者与他取得联系，网页的下方会显示他的所有作品，如图 1.73 所示。

单击作者的名字，可以看到作者的主页；单击右上角的“关注”按钮，可以将这个作者加为好友，如图 1.74 所示。

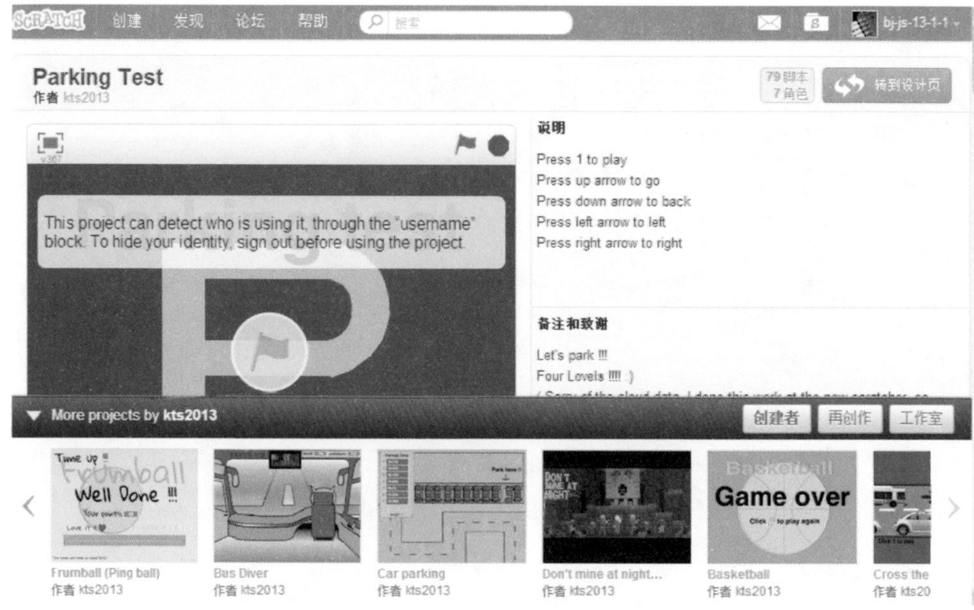

图 1.73 好友管理

图 1.74 加关注

从作者信息中可以看到，该作者来自香港（Hong Kong），这说明他应该能够读懂中文，因此可以试着和他用中文联系。此外用“Hong Kong”作为检索词，可以看到很多中文的 Scratch 作品。还可以通过用户名检索，找到更多附近的 Scratch 爱好者（Scratcher），如图 1.75 所示。

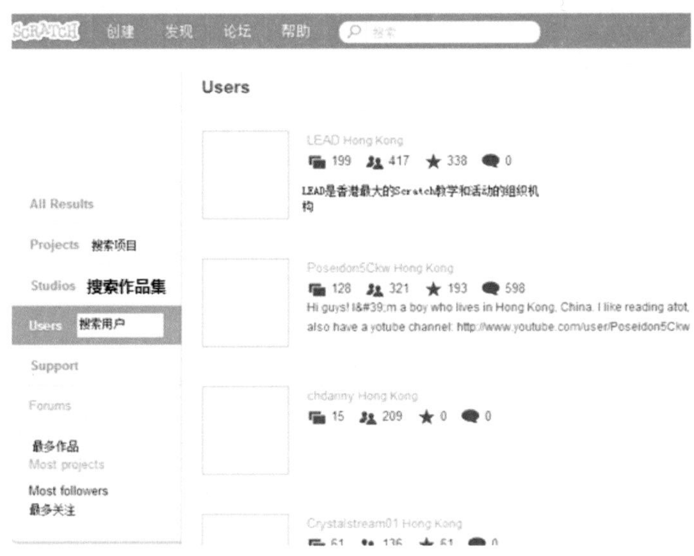

图 1.75 寻找附近的 Scratch 爱好者

如果关注了其他人，比如用户 bj-js-13-1-1 关注了用户 towujunjie，在用户 towujunjie 的消息栏中会出现别人关注的信息，如图 1.76 所示。

与此同时，在用户 bj-js-13-1-1 的关注信息栏中也会出现用户 towujunjie，如图 1.77 所示。

图 1.76 被关注的信息

图 1.77 关注用户列表

最后，简单说明一下 Scratch 网站中的网址命名规则。

(1) 作品：http://scratch.mit.edu/projects/之后连接作品编号。

(2) 作品集：http://scratch.mit.edu/studios/之后连接作品集编号。

(3) 用户：http://scratch.mit.edu/users/之后连接用户名。

这些网址可以用来帮助你将 Scratch 网站的信息引用到微博或者其他网页上。

至此应该了解如何在 Scratch 网站上结交朋友了。在 Scratch 网站的首页中提供了一些典型的范例(http://scratch.mit.edu/info/starter_projects/)，如图 1.78 所示。

可以看出，这些入门案例包括动画、游戏、互动艺术、音乐和舞蹈、故事及视频感知 6 个门类，接下来将讲解这些基础案例，以此来给出一个比较扎实的 Scratch 语言的基础，为接下来学习感测与控制技术做一个铺垫。

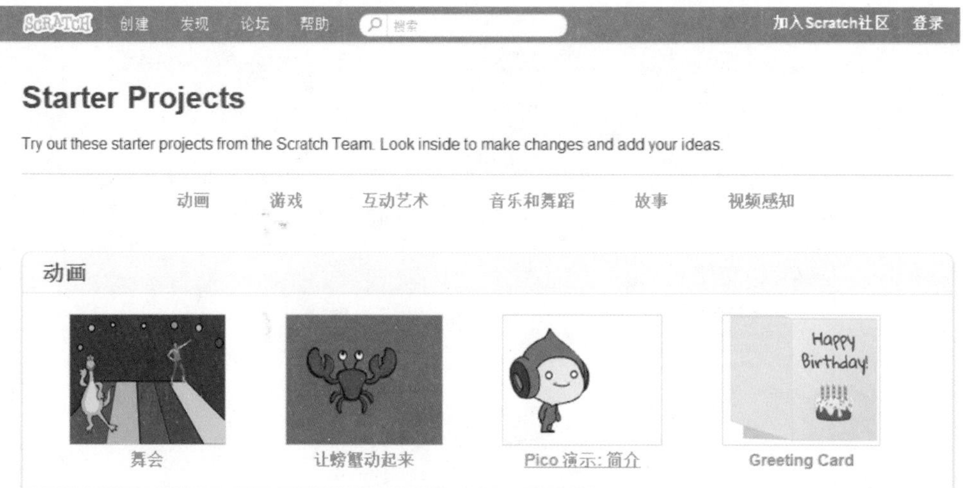

图 1.78　Scratch 网站的首页

1.5　动画基础

下面使用 Scratch 2.0 来讲解 Scratch 语言的基本语句，在此之前，首先要安装 Scratch 2.0 的离线版，该离线版可以在 www.edumaker.org 网站上下载。如图 1.79 所示，首先需要安装 AdobeAIR。

图 1.79　Scratch 2.0 离线版的安装文件

安装 AdobeAIR 完成之后，安装 Scratch.air，如图 1.80 所示。

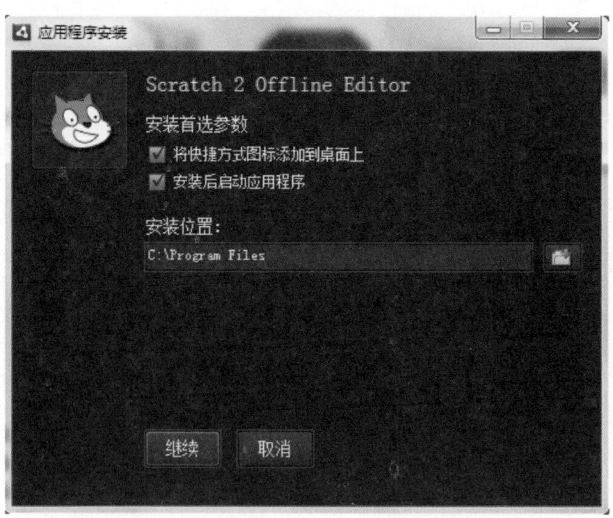

图 1.80　安装 Scratch 2.0 离线版

安装 Scratch.air 完成后，单击 选择中文，编程界面如图 1.81 所示。

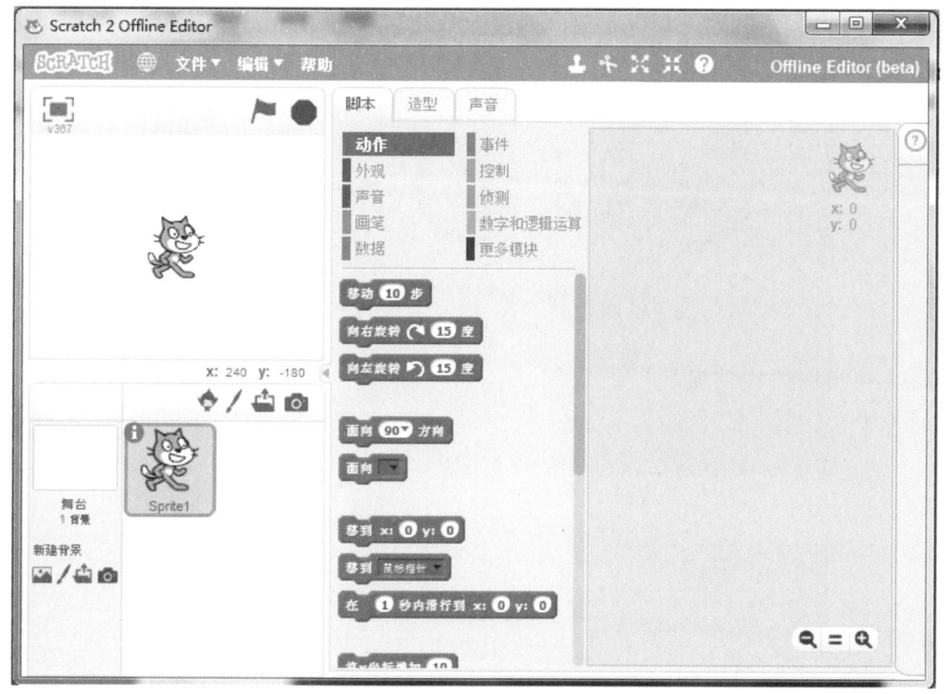

图 1.81 编程界面

在图 1.79 中的第三个文件夹内有若干领域的典型范例(见图 1.82)，用这些范例来讲解 Scratch 语言的基本结构。

图 1.82 Scratch 范例的类型

这些 Scratch 2.0 的官方标准案例的中文翻译版放在了作品集 http://scratch.mit.edu/studios/248423/中。

1.5.1 跳舞的螃蟹

第一个范例是《跳舞的螃蟹》，如图 1.83 所示。这个程序很简单，只有一个角色和一个背景。

所有的代码如图 1.84 所示。

图 1.83 《跳舞的螃蟹》

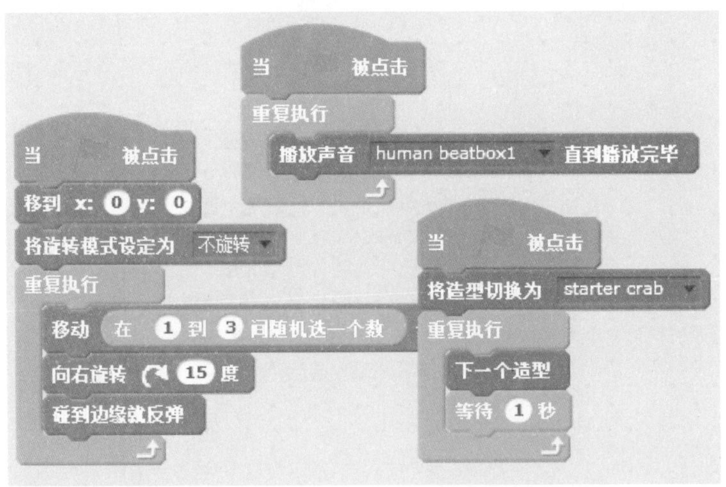

图 1.84 《跳舞的螃蟹》的全部代码

首先请阅读代码，在中间的代码选择区，看一看要用到的代码在什么位置。也可以不看下面的制作过程，自己按照图 1.84 把代码调试一遍，这是一种很好的编程习惯。接下来我们从零开始编写这个程序。

打开 Scratch 2.0 离线版，如图 1.85 所示，切换到“小舞台布局模式”，这样编程的空间大一些。

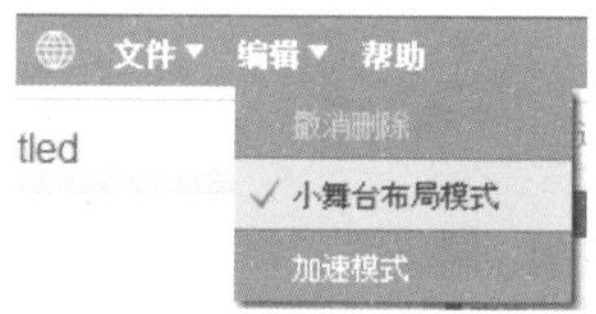

图 1.85　小舞台布局模式

单击角色 1 的造型菜单可以看出，当前是一个矢量图编辑状态，单击右下角的“转换成位图编辑模式”按钮可以将作品切换为位图编辑模式。编辑造型 1，如图 1.86 所示，将造型 1 清除之后导入造型“螃蟹”。

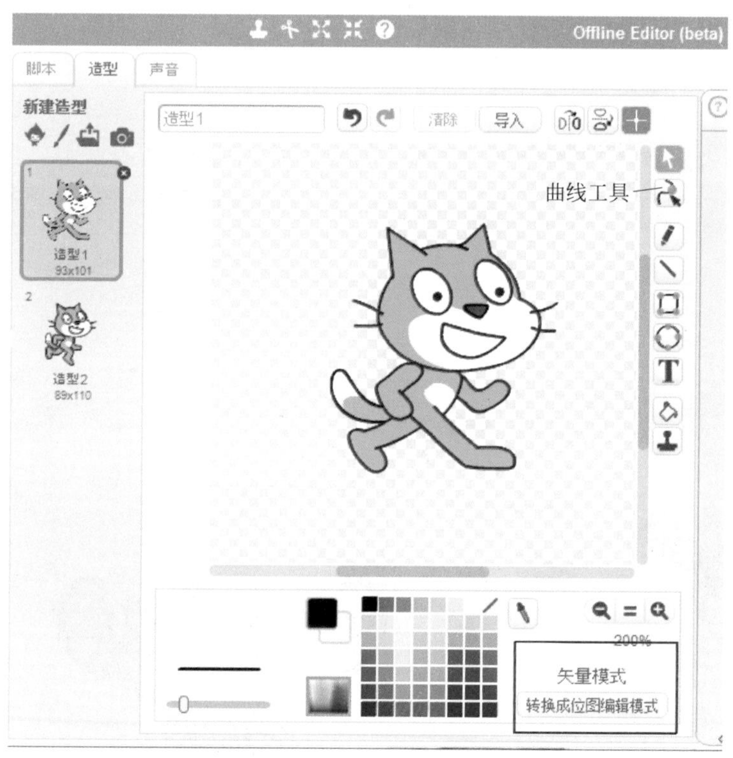

图 1.86　编辑造型 1

单击“导入”按钮，选择螃蟹图片的位置，会发现螃蟹图片的扩展名为.svg，这是一种矢量图的编辑格式，如图 1.87 所示。

导入后的造型如图 1.88 所示，可以在矢量图模式下，右击角色，选择复制生成多个螃蟹的新造型，然后用铅笔工具给螃蟹画上许多表情，让它动起来，如图 1.89 所示。

接下来让螃蟹的眼睛也动起来，方法有两个。单击右下角的 Convert to bitmap 按钮，将当前图像转化为位图编辑模式，然后用橡皮擦擦去原来的眼睛，自己再画一个，如图 1.90 所示。

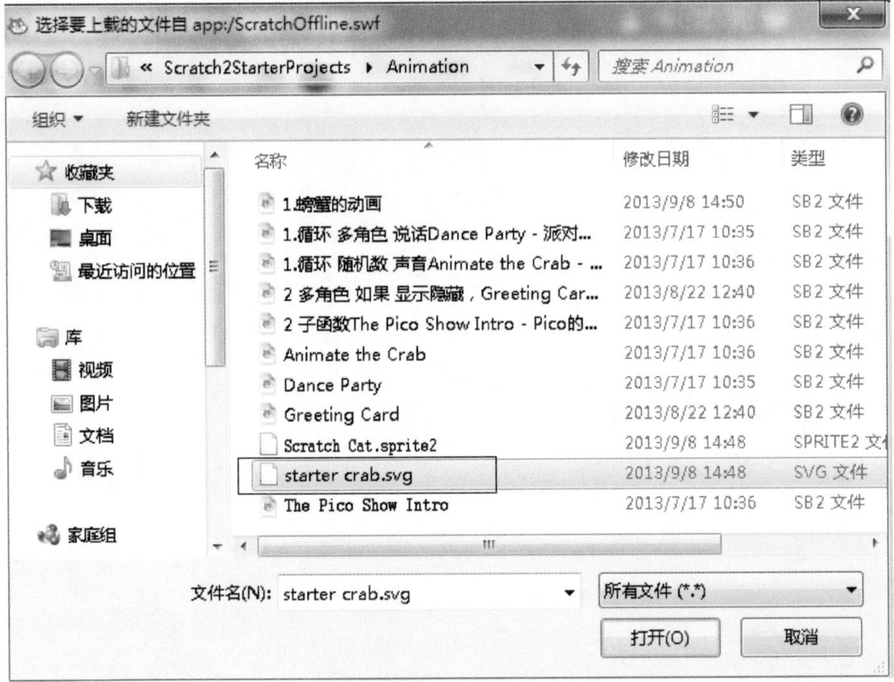

图 1.87　导入螃蟹造型

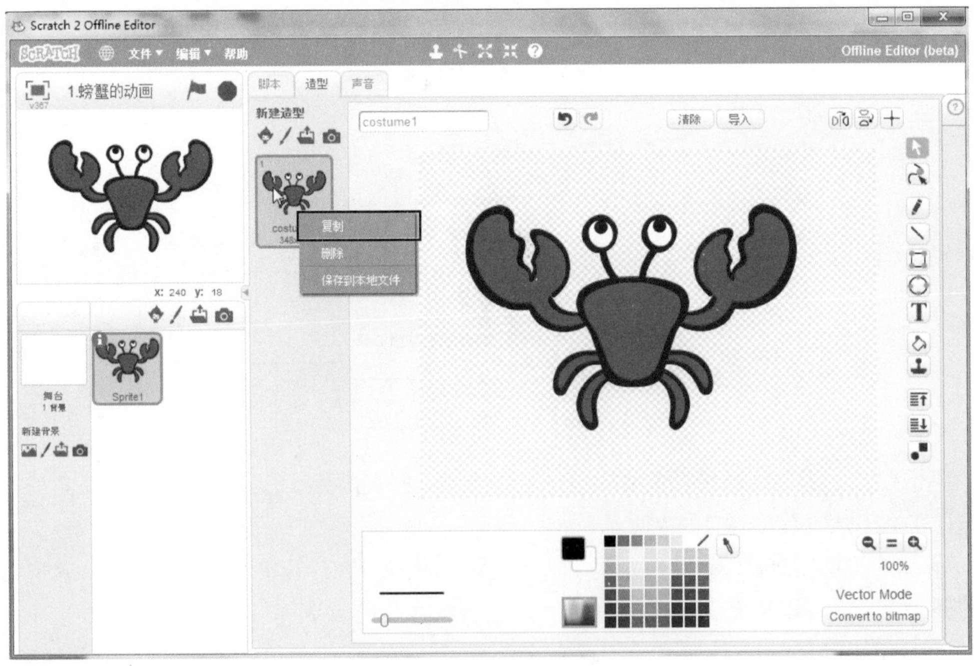

图 1.88　复制多个造型

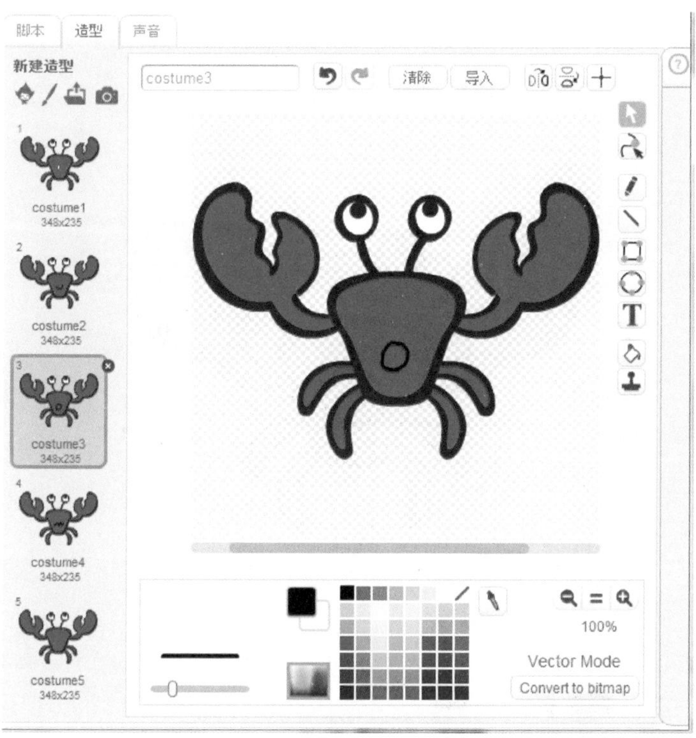

图 1.89　绘制螃蟹的表情

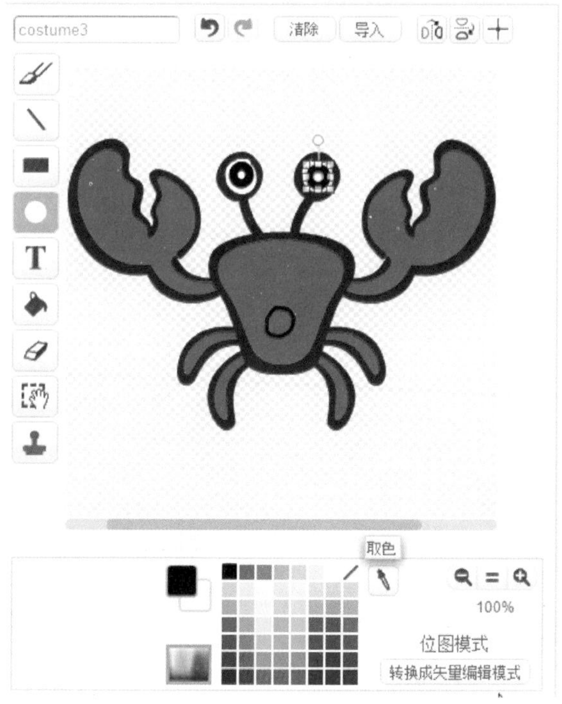

图 1.90　转化为位图状态进行编辑

或者在矢量图模式下选择颜色填充工具来改变眼睛的造型，如图 1.91 所示。

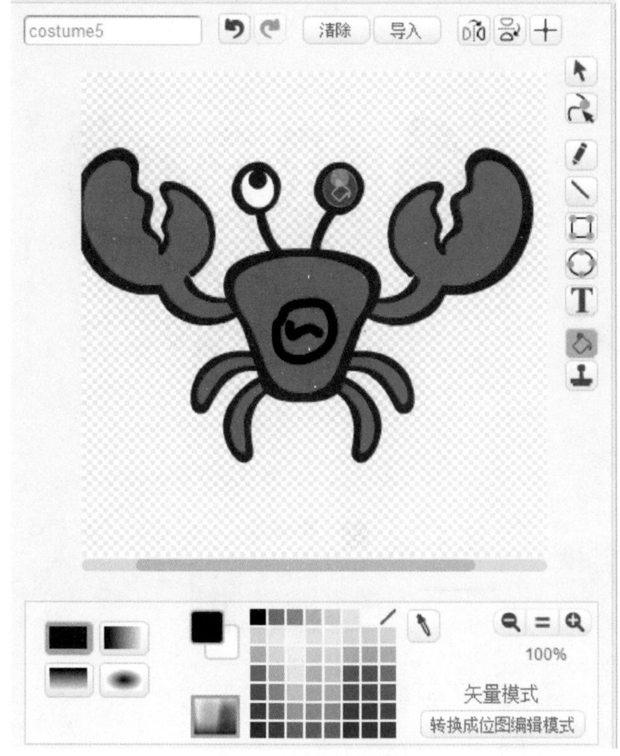

图 1.91　矢量图模式下的颜色填充工具

至此得到了 5 个形态各异的螃蟹造型，接下来进入脚本状态给螃蟹编写程序。图 1.92 所示的代码可以让螃蟹间隔 1s 改换一个造型，并连续执行。

修改等待时间可以改变造型切换的速度，为了让每次程序的启动螃蟹都维持在同一个造型，因此在单击绿旗启动程序时，应该让程序切换到初始造型 custome1，这个过程叫作初始化，如图 1.93 所示。一般来讲，所有程序启动的时候都需要初始化。

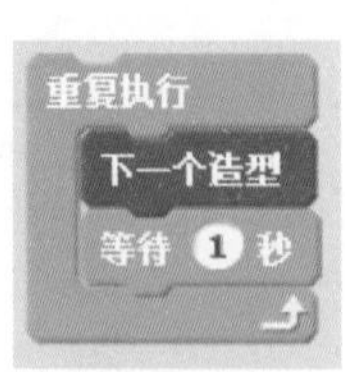

图 1.92　持续切换造型

图 1.93　造型的初始化

接下来，保存当前的作品，单击“文件”→“保存”菜单命令将文件保存，如图 1.94 所示，Scratch 2.0 的文件扩展名为.sb2。

完成造型之后，将背景填充成蓝色。接下来导入一段背景声音，通过图 1.95 所示的代码来反复播放声音，这两段代码都用绿旗启动，因此会一边播放声音一边切换造型。

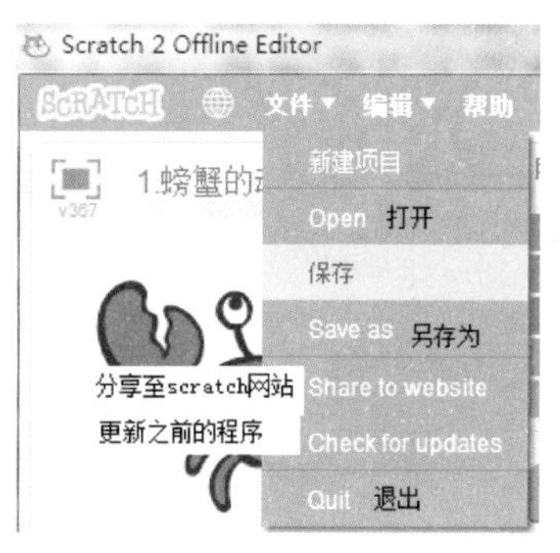

图 1.94　保存文件

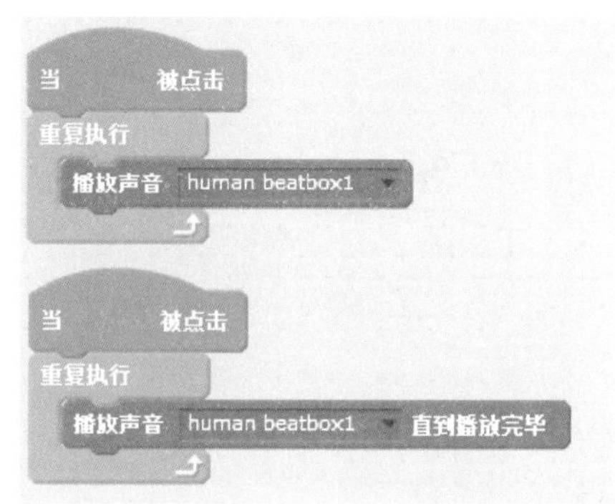

图 1.95　播放声音

可以比较一下图 1.95 所示的两段代码哪一段能够完整地播放出声音。接下来就完成螃蟹的动作代码，让螃蟹动起来！

图 1.96 所示的代码同样分为初始化和循环体两个部分，初始化部分确定了螃蟹的初始位置；循环体中让螃蟹一边旋转一边移动，忽快忽慢，碰到边缘就反弹。在空白处右击可以添加程序的注释，将注释拖动到代码上可以将注释和代码连接起来，为程序编写注释可以提高程序的可读性，这是一个良好的编程习惯。接下来，如图 1.97 所示，将作品上传到 Scratch 网站上。

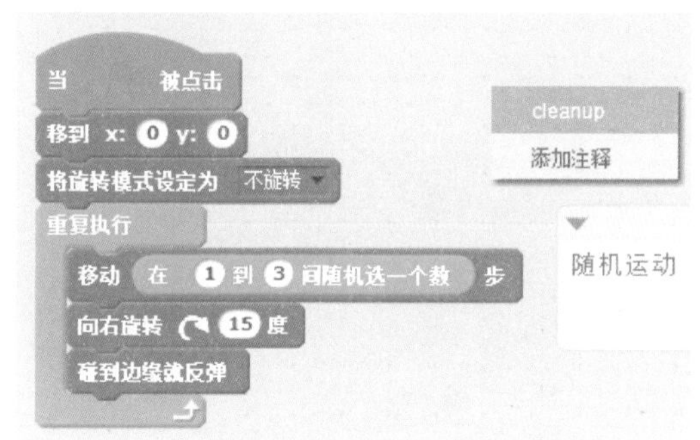

图 1.96　螃蟹随机运动的代码

图 1.97　上传作品至 Scratch 网站

至此完成了第一个 Scratch 2.0 程序。

同样的程序也可以在 Scratch 1.4 中完成，主要的区别如下：

(1) 绘图菜单，如图 1.98 所示。

(2) 不允许角色旋转，如图 1.99 所示。

(3) 功能区的位置，如图 1.100 所示。

(4) 文件的打开。Scratch 2.0 离线版可以打开 Scratch 1.4 的文件，如图 1.101 所示，但是不能保存为 Scratch 1.4 的格式。

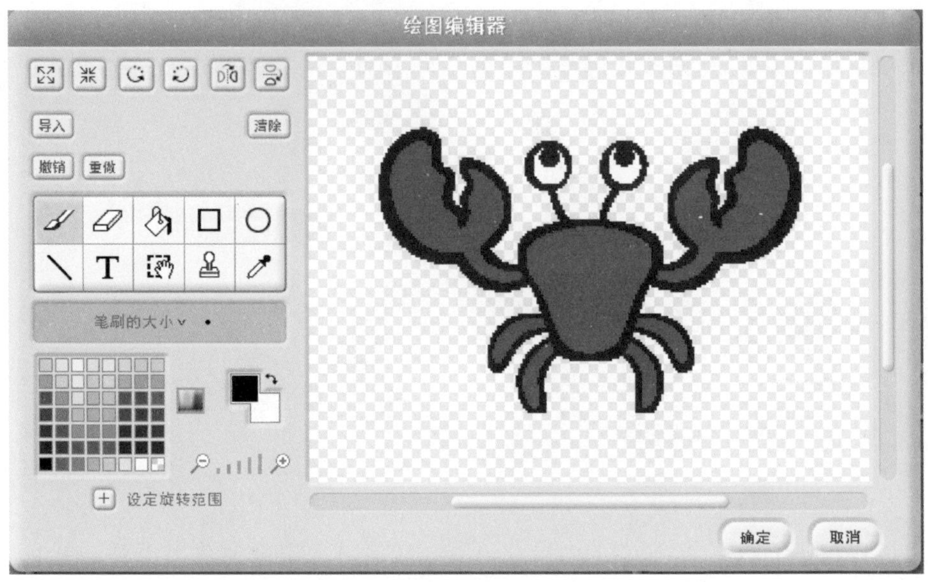

图 1.98　Scratch 1.4 的绘图菜单

图 1.99　角色的旋转

图 1.100　功能区的位置

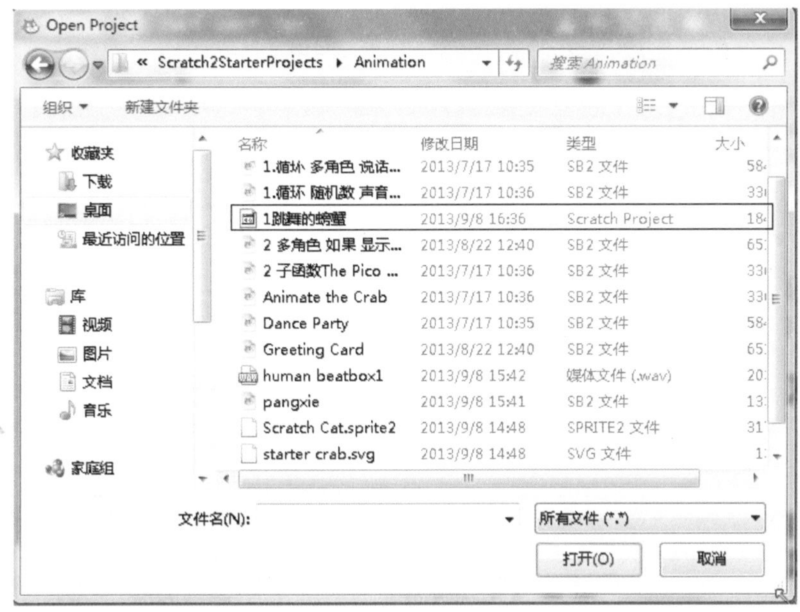

图 1.101　用 Scratch 2.0 打开 Scratch 1.4 的文件

1.5.2　派对舞会

动画的第二个例子是一个派对舞会。如图 1.102 所示的小女孩在伴随音乐变换着造型，请判断一下这个小女孩应该是矢量图还是位图。这个程序的舞台和两个角色都有对应的代码，需要依次了解它们的功能。

图 1.102　舞台和角色

舞台的背景代码很简单，播放声音，用颜色特效制作颜色效果，如图1.103所示。

小女孩的代码页比较简单，如图1.104所示，间隔0.5s切换一个造型。值得注意的是，等待0.5s要在下一个造型之前，否则第一个造型会看不到。

图1.103　背景的代码

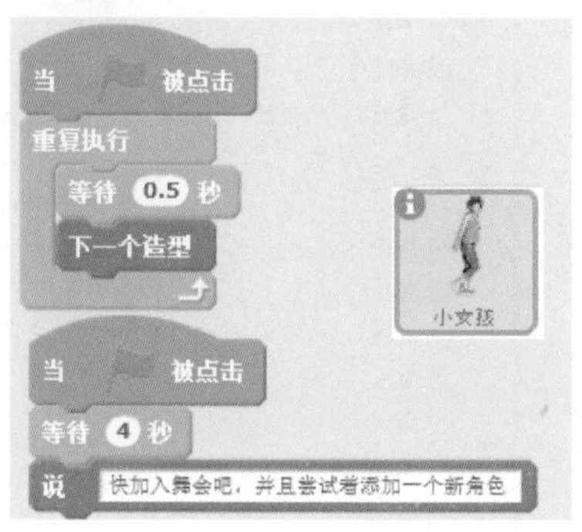

图1.104　小女孩的代码

最后是恐龙的代码，如图1.105所示，恐龙只有两个造型，两次移动的纵坐标相同，横坐标不同，制作出恐龙水平移动的效果。在Scratch 2.0中，如果需要修改角色的名称，需要单击图1.104中小女孩左上角的 i 图标修改名称。

本节如果添加一个角色和其他角色共同舞蹈，首先需要导入一个新角色，如图1.106所示。

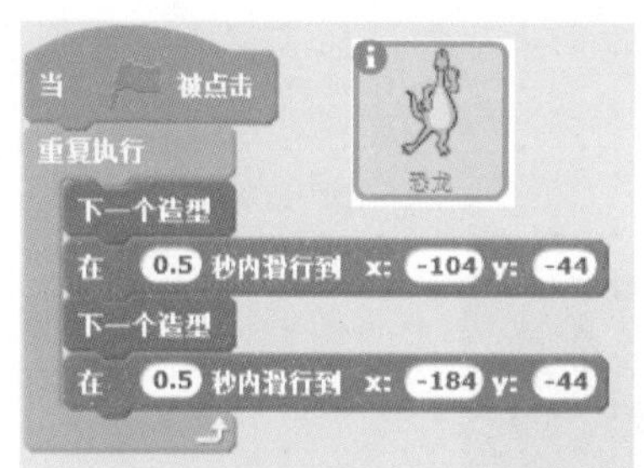

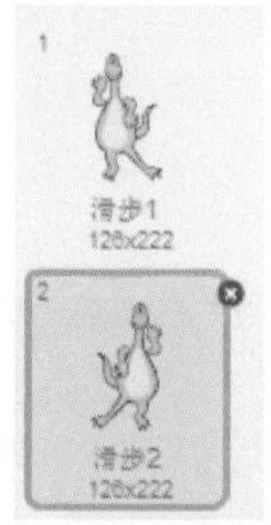

图1.105　恐龙的代码

图1.106　从角色库中导入角色

导入的角色"芭蕾舞者"刚好有4个造型，可以借用小女孩的程序实现造型之间的切换，因此可以复制小女孩的代码到芭蕾舞者上。可以在小女孩的代码区用鼠标右键单击复制，然后拖动代码到芭蕾舞者上，如图1.107所示。

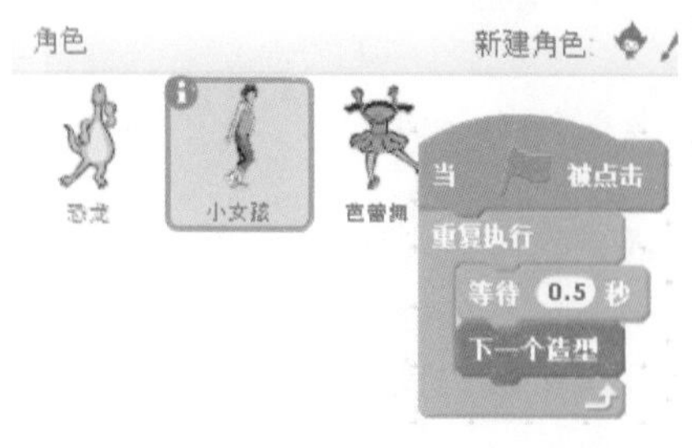

图1.107　复制代码到新角色

至此，这个芭蕾舞者就可以和小女孩一起跳舞了，如图1.108所示。

可以将这个作品上传到Scratch网站，但是作为一个动画，如果能够制作一个影片，传播起来会更方便。方法是使用Camtasia Studio软件制作一个屏幕录像，影片会以MP4的形式保存。

图 1.108　派对舞会

1.5.3　致意贺卡

动画“致意贺卡”是一个生日贺卡，如图 1.109 所示。

图 1.109　生日贺卡

生日贺卡分为关闭、半开、打开 3 个状态。其中第二个状态是一个中间状态，表示贺卡的打开的一个瞬间。当背景切换到 backdrop1 的时候，企鹅显示，打开图标显示，其他的角色隐藏；当背景切换到 backdrop2 的时候，蜡烛显示，生日和快乐两段文字显示，其他的角色隐藏，如图 1.110 所示。

图 1.110　生日贺卡的 3 个背景和显示 3 个背景时贺卡的状态

其中，舞台有 3 个背景，舞台的代码如图 1.111 所示。

整个程序都是通过背景的切换作为控制事件的，这是 Scratch 2.0 新增添的一类"当背景切换到……"事件，如图 1.112 所示。

图 1.111　舞台的脚本

图 1.112　企鹅的代码

图 1.113 是角色"快乐"和"生日"的代码，当切换到背景 3 的时候，Happy 缓缓下落。

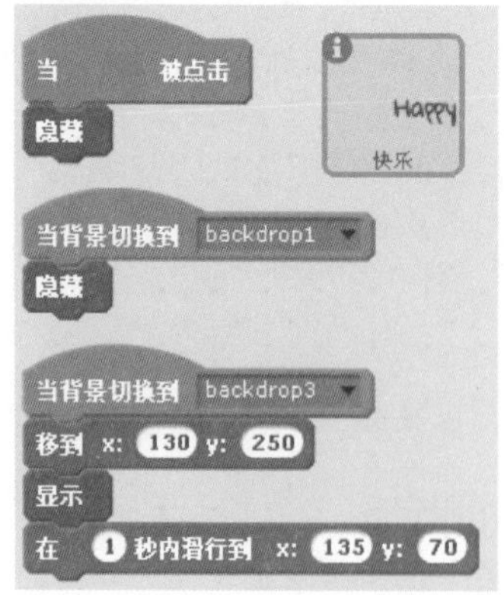

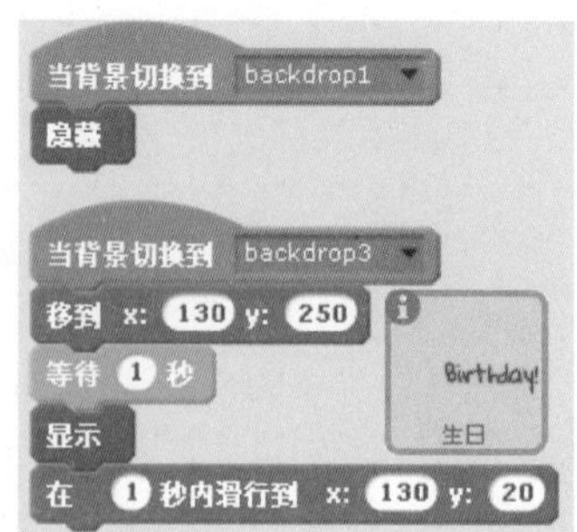

图 1.113　角色"快乐"和"生日"的代码

打开贺卡之后，蛋糕向上移动，之后伴随着背景音乐反复闪烁，如图 1.114 所示。

比较复杂的角色"开启贺卡"的代码，当程序启动时，执行 将背景切换为 backdrop1，将背景切换到 backdrop1，之后当 碰到 mouse-pointer ?，即碰到鼠标指针的时候，角色会反复切换，实现闪烁效果，当单击按钮时，将背景切换到 backdrop2 之后瞬间切换到 backdrop3，如图 1.115 所示。

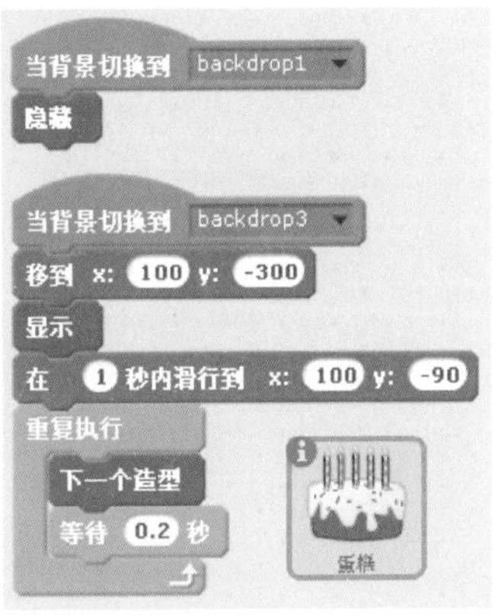

图 1.114　蛋糕的代码

这个程序在 Scratch 1.4 中改写遇到的主要困难是 Scratch 1.4 没有"将背景切换为……"类型的代码，也没有"当背景切换到……"这一类触发事件，可以通过广播来完成这一效果。图 1.116～图 1.119 是舞台和角色的代码。

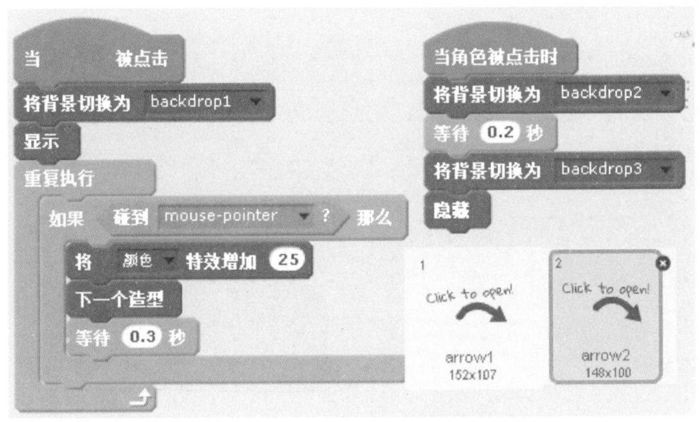

图 1.115　开启贺卡的代码

图 1.116　背景舞台的代码

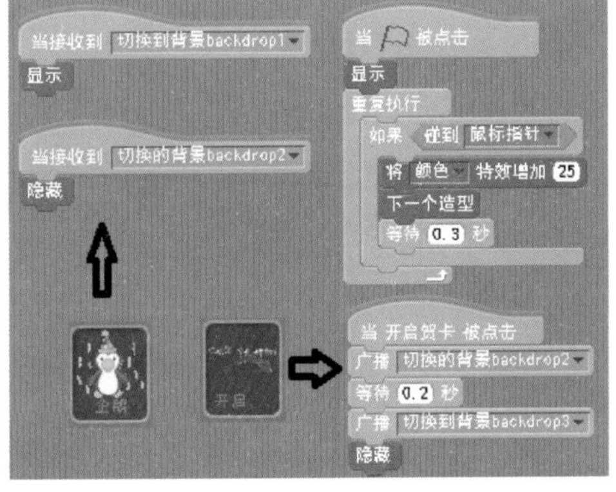

图 1.117　企鹅和开启贺卡的代码

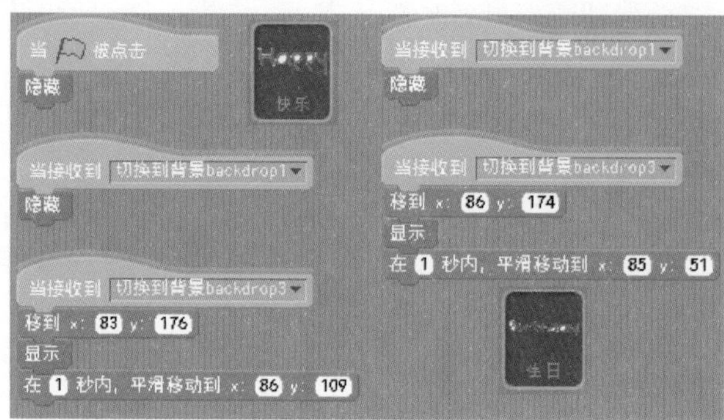

图 1.118 生日和快乐的代码

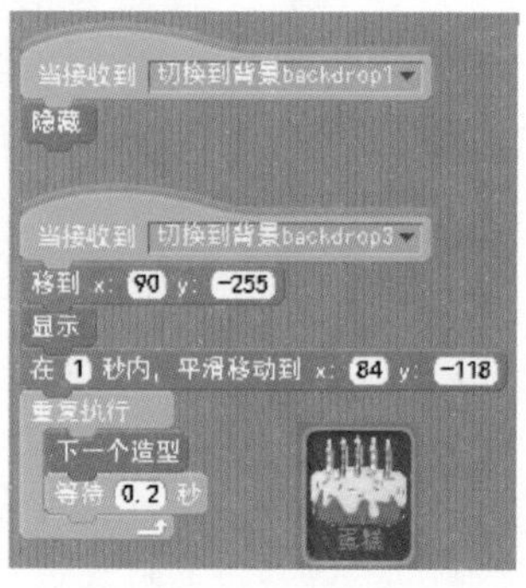

图 1.119 蛋糕的代码

1.6 游戏基础

1.6.1 变装游戏

变装游戏是一个很简单的小游戏，为卡通角色绘制头饰和衣服，移动它们到角色 Tera 上，将 Tera 打扮起来，如图 1.120 所示。

图 1.120 变装游戏的角色列表

所有角色的代码是类似的，如图 1.121 所示，单击绿旗初始化一个位置，都是单击该角色的时候将角色放在最上层，然后移动到角色 Tera 上。

在这里需要注意的是，变装游戏的各个角色，在全屏模式下显示时，仍然可以用鼠标移动，是通过修改其信息以便在播放器中移动选项卡来实现的，如图 1.122 所示。

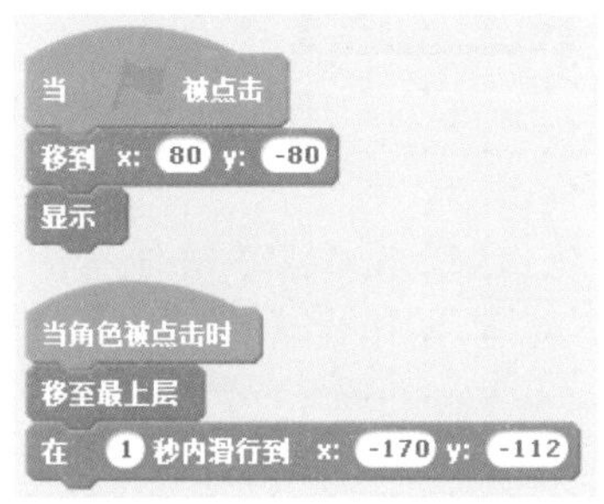

图 1.121 变装游戏的代码

图 1.122 控制角色在全屏模式下移动

变装游戏中所有角色都是矢量图，下面就来练习一下矢量图的绘制方法和基本工具。首先来给 Tera 制作一幅最简单的矢量图片。首先将角色 Tera 复制成一个新角色，然后将角色取消分组，将其他部分选中按 Delete 键删除之后，使用 工具将 Tera 的皮肤涂成红色，这样就完成了第一件衣服，如图 1.123 所示。

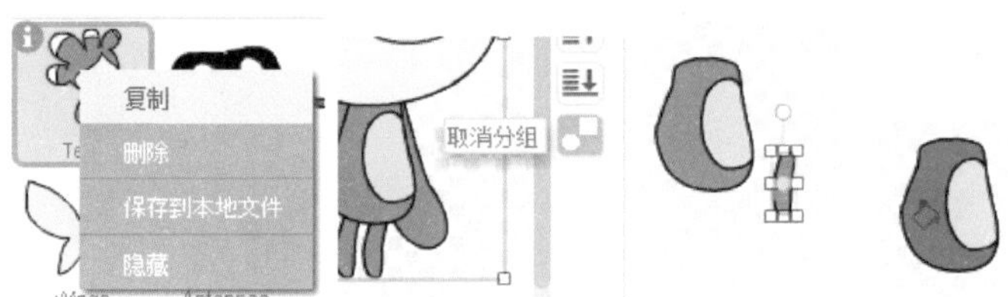

图 1.123 填充颜色

接下来将使用更复杂的矢量绘图工具，首先用多边形工具绘制一个方形 ，然后使用变形工具将其改变为一个梯形，这样就完成了衣服的外框，如图 1.124 所示。使用曲线工具在直线处单击可以添加一个新的曲线编辑点，改变衣服的形状。最后使用填色工具上色。

图 1.124 制作衣服的外框

接下来使用椭圆工具制作一个袖子，并且旋转它到一个合适的角度与衣服配合起来，并用变形工具修改形状，最后使用层工具 将袖子放在衣服的下面，如图 1.125 所示。

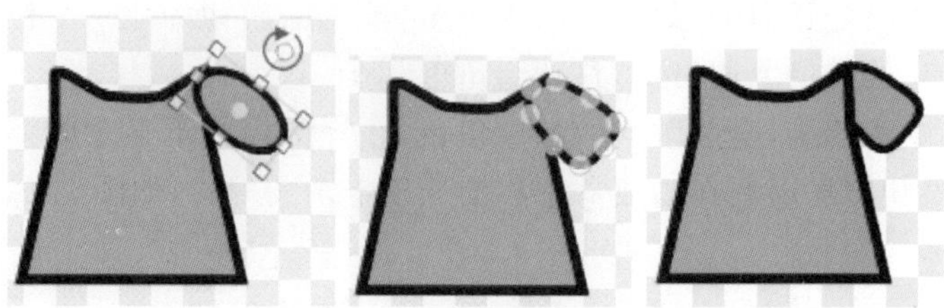

图 1.125　制作衣服的袖子

复制另一只袖子，并使用 工具将另一只袖子反转，这样就完成了一件新的衣服。最后选中衣服的3个部分，单击分组按钮将衣服组合起来，再使用设置中心工具 将衣服的角色设置在衣服的领子上，这个角色就完成了，如图1.126和图1.127所示。

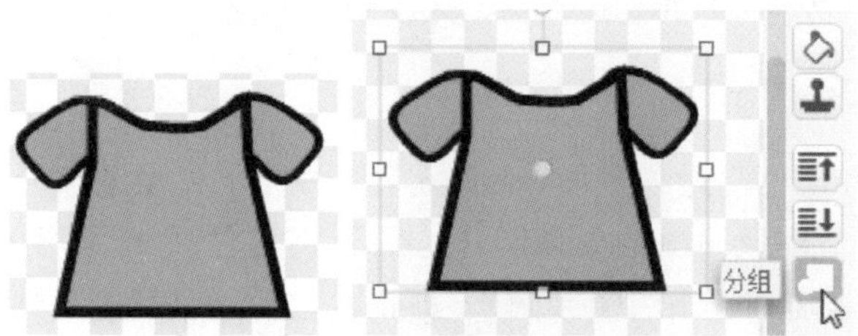

图 1.126　合并角色

图 1.127　变装游戏的执行效果

1.6.2　捉迷藏

捉迷藏是一个类似于打地鼠的游戏，卡通热舞Gobo会随机地出现在屏幕上，如果在它出现时恰好单击到它，表示分数的变量score就会增加1，如图1.128所示。

图1.129是捉迷藏的代码，其中循环使用了随机位置的指令。

图 1.128　捉迷藏的舞台和角色

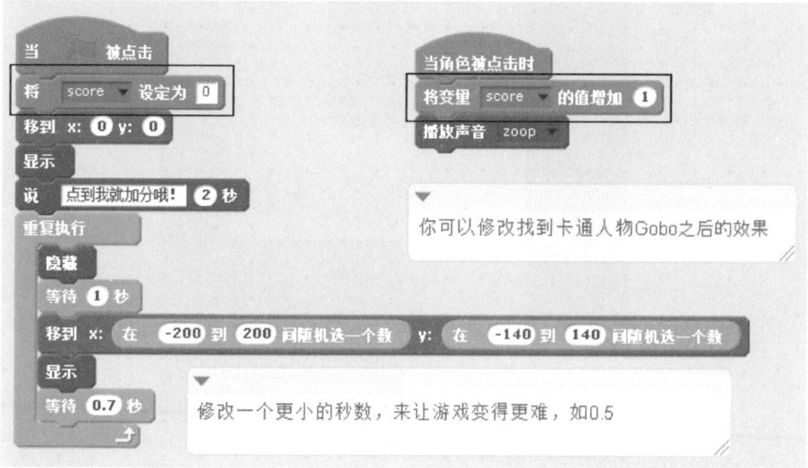

```
当 被点击
将 score 设定为 0
移到 x: 0 y: 0
显示
说 点到我就加分哦! 2 秒
重复执行
    隐藏
    等待 1 秒
    移到 x: 在 -200 到 200 间随机选一个数 y: 在 -140 到 140 间随机选一个数
    显示
    等待 0.7 秒

修改一个更小的秒数，来让游戏变得更难，如0.5

当角色被点击时
将变量 score 的值增加 1
播放声音 zoop

你可以修改找到卡通人物Gobo之后的效果
```

图 1.129　捉迷藏的代码

该游戏的关键是变量的使用。在 数据 菜单中新建一个变量“分数”，如图 1.130 所示，随即会出现分数的初始化代码和分数的增加代码。

接下来可以将计分变量由 score 改为“分数”。在 Scratch 1.4 中，变量的使用方法是相同的，只不过不是在“数据”菜单中，而是在“变量”菜单中，请试着将这个游戏更改到 Scratch 1.4 的版本。

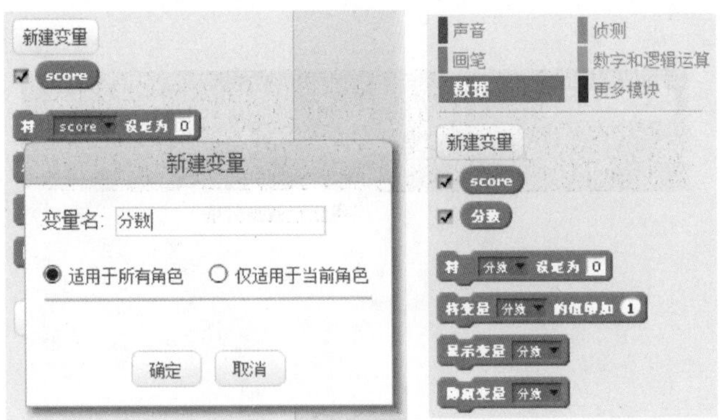

图 1.130　新建变量分数

1.6.3　初级迷宫

迷宫是一个常见的 Scratch 游戏，初级迷宫的舞台是一个迷宫，主要角色是一个需要用上下左右键控制的球“Ball”和一个代表终点的角色“Goal”，如图 1.131 所示。

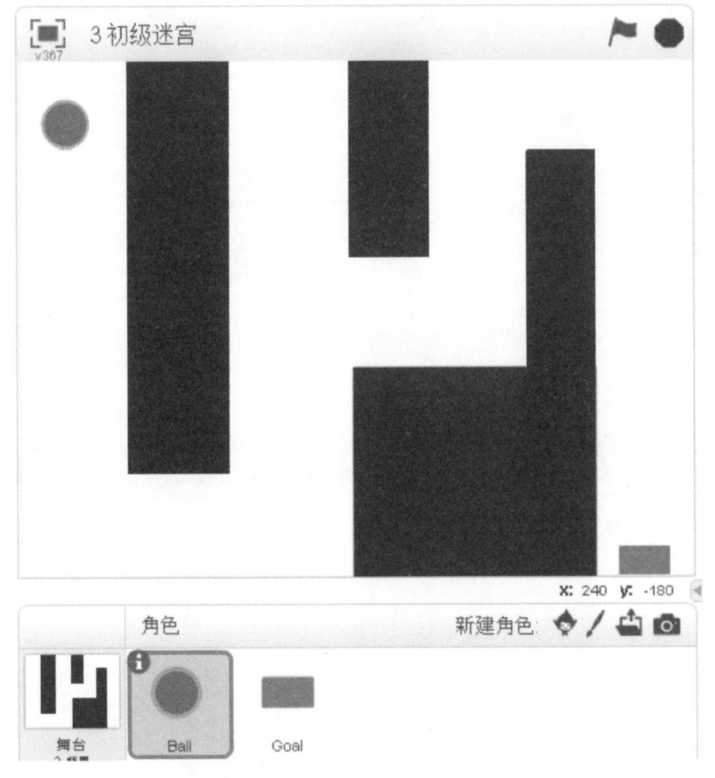

图 1.131　角色设计

角色 Ball 的代码包括初始化、移动和碰到墙壁后退 3 段指令，如图 1.132 所示，其中 碰到颜色 ? 是一种在游戏设计中非常常见的逻辑判断指令。

图 1.132　初级迷宫

终点代码很简单，当角色 Goal 碰到 Ball 的时候，会说“你胜利了”，如图 1.133 所示。

“侦测”菜单中的 碰到 Ball ? 代码也是很常见的游戏设计代码，表示角色之间的相碰，单击上面向下的箭头可以更换角色。这一类迷宫游戏常常有很多关，可以在 Scratch 主页上搜索 maze 查看更多的迷宫，也可以自己开发第二关。第二关常常是一个更难的地图，因此可以在“你胜利了”之后添加背景切换的代码 将背景切换为 backdrop3 。可以参考之前“致意贺卡”的程序，完成第二关的设计。

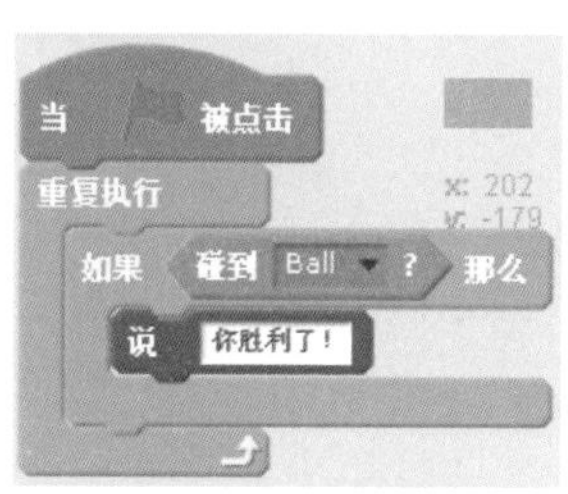

图 1.133　终点代码

1.6.4　初级乒乓球

乒乓球是一个很经典的游戏，由一个乒乓球和一个滑板构成，如图 1.134 所示。

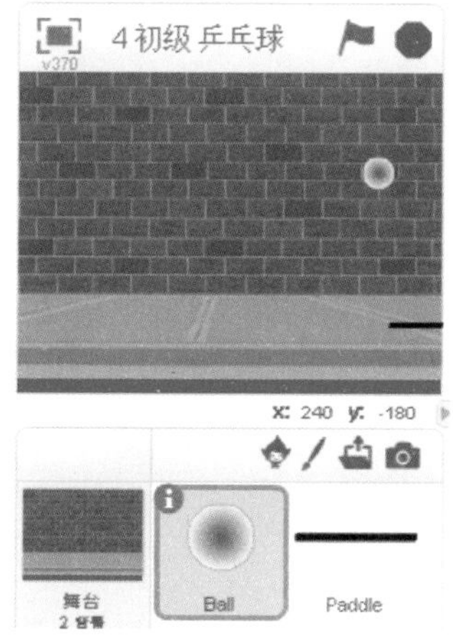

图 1.134　乒乓球的角色

如果接到乒乓球后反弹，一个滑板受到鼠标的控制接乒乓球；如果没接到乒乓球，落到红颜色的地面上程序停止，如图 1.135 所示。

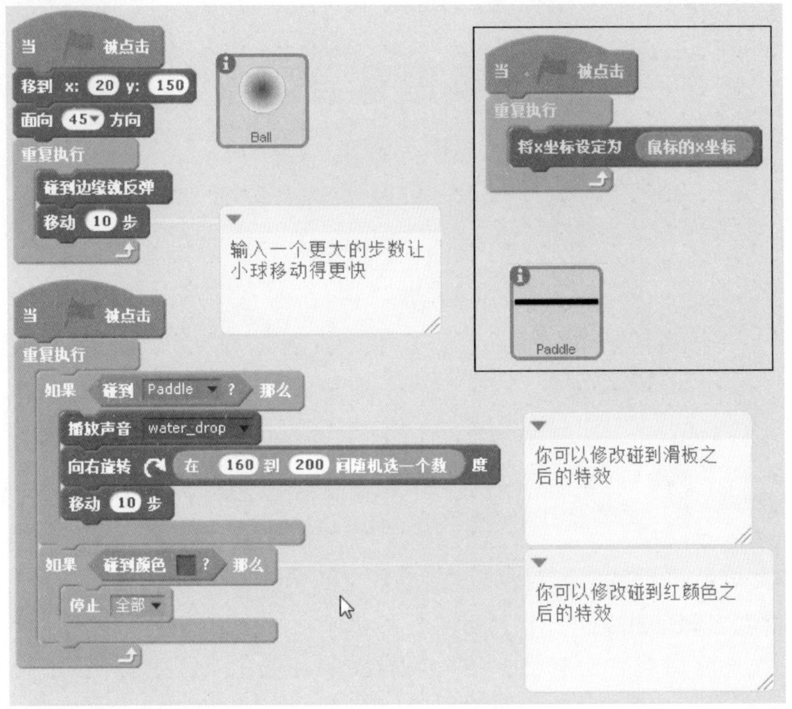

图 1.135 乒乓球和滑板的代码

可以使用变量菜单给程序添加一个加分功能，如图 1.136 所示。还可以使用子函数功能将程序块简化。

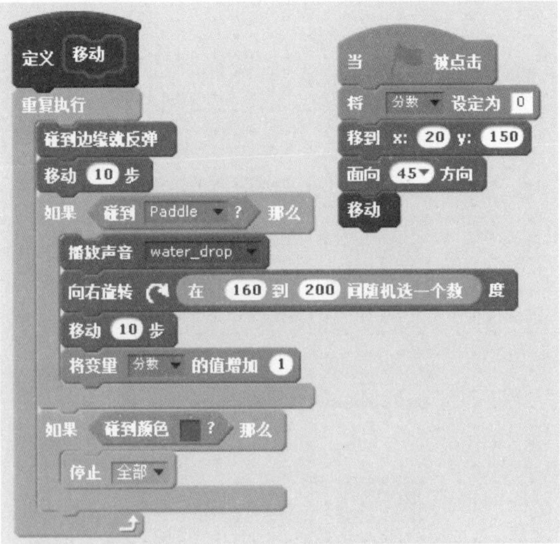

图 1.136 给乒乓球添加加分功能

接下来主要介绍 Scratch 2.0 的一个新功能——克隆，这个功能极大程度地提高了 Scratch 2.0 的应用领域。克隆 自己 功能就是复制一个新的个体，该个体只在程序运行时有效，可以通过 删除本克隆体 删除生成的克隆体。克隆体生成后，可以通过 当作为克隆体启动时 执行一段代码，如图 1.137 所示。克隆体的出现使得滑板每碰触一次乒乓球，乒乓球就自动地复制出一个新乒乓球，这样随着分数的增加，乒乓球会越来越多，大大地增强了游戏的趣味性。

```
定义 移动
重复执行
    碰到边缘就反弹
    移动 10 步
    如果 碰到 Paddle ? 那么
        播放声音 water_drop
        向右旋转 在 160 到 200 间随机选一个数 度
        移动 10 步
        将变量 分数 的值增加 1
        克隆 自己
    如果 碰到颜色 ? 那么
        停止 全部

当 被点击
将 分数 设定为 0
移到 x: 20 y: 150
面向 45 方向
移动

当作为克隆体启动时
向右旋转 在 -30 到 30 间随机选一个数 度
移动
```

图 1.137　克隆新个体

程序的执行效果如图 1.138 所示，只有一个角色 Ball，却有 3 个乒乓球在运动，其中两个是克隆体。

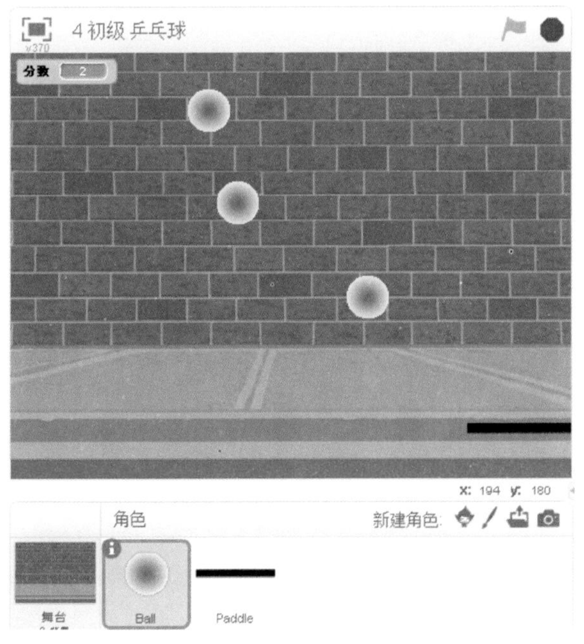

图 1.138　克隆体的执行效果

至此，Scratch 2.0 的全部新功能已经介绍完毕。这些案例翻译成中文版，在作品集"Scratch 2.0 入门案例中文版"可下载，大家可以对这些案例再创作，地址是 http://scratch.mit.edu/studios/248423/。但是 Scratch 2.0 也有一个缺点，就是之前在 Scratch 1.4 环境下编写的程序，上传到 Scratch 网站以后，不能再通过网站以 Scratch 1.4 的格式下载。由于 Scratch 2.0 目前还不支持传感器，而 Scratch 1.4 打不开 Scratch 2.0 编写的程序，这就导致了一种资源的浪费。下载方法如图 1.139 所示。

图 1.139 在 Scratch 2.0 网站上将作品保存到本机

1.7 用 Scratch 语言撰写一个研究报告

本书的立意是测控传感器的研究与创意应用，主要目的是期望能够把 Scratch 语言作为一个研究工具来得到一些稳定的规律，其后在研究的基础上开展一些工程应用和艺术创意案例。因此用一个简单的实验"Scratch 1.4 和 Scratch 2.0 循环时间的比较"来介绍一个研究报告的基本写法。

研究报告包括以下几个部分。

(1) 研究的题目：题目应该简单明了，不需要有感情色彩的抒情和过分夸张比喻，如果题目比较长，可以用主标题、副标题的形式来撰写标题。

(2) 作者：作者的写法一般是单位＋作者的方式，如果期望你的文章能够引起更多读者的交流，可以在文章的末尾用括号的形式注明。

(3) 研究的摘要：摘要是一个研究论文的简要介绍，一般在 150 字左右，包括主要的步骤和结论。在行文中一般避免出现主观化的词汇，比如"我"，如果必须出现作者，一般以"笔者"二字代替。

(4) 研究的设备：如果需要制作一个实验来发现一个规律，这类实验的结论需要其他研究者重复实验来验证实验结论的可信程度，因此需要将实验的设备以及参数公布出来，便于学术的传承。

(5) 研究的步骤：这里介绍一个研究的实施步骤。从格式上讲，一般一级标题用"1."表示，二级标题用"1.1"表示。一般一篇短论文不需要三级标题，如果需要更小的标题，可以使用"(1)"表示。关于图标的编号如下，图编号一般放在图的正下方，格式为"图 1"，表的编号一般放在表格的正上方，格式为"表 1"。研究的步骤中一般包含数据表，这

些数据的图、表是接下来得出研究结论的依据。

(6) 研究的结论：研究结论是依据研究数据得出的结论，一般要求言简意赅，可以对研究结果的应用价值做简要的分析，但是不能夸大事实。

(7) 进一步研究的问题：这里一般对研究的不足和进一步要研究的问题做一个阐述，以便其他研究者跟进研究。

(8) 参考文献：参考文献是指文中引用的一些论文或者网站的地址，一是给文中引用的他人观点提供一个出处；二是方便其他研究者通过这个文章所述的领域有一个整体的把握。

接下来，就以论文的形式开展一项研究，题为“Scratch 1.4 和 Scratch 2.0 循环时间的比较”，其中涉及链表的使用方法，在今后的研究类程序设计中很有用。为了体现一篇论文的标准格式，下文中的图的编号将不使用形如“图 1.1”的编号方式。

Scratch 1.4 和 Scratch 2.0 循环时间的比较

北京景山学校　吴俊杰

摘要：本文通过编程研究了 Scratch 2.0 和 Scratch 1.4 的循环时间，实验表明 Scratch 2.0 的循环时间是 Scratch 1.4 中普通模式的三万分之一，超速模式的六百分之一。循环速度的加快使得 Scratch 2.0 能够胜任复杂游戏和科学计算的编程需求。

程序语言的循环时间是一个程序语言的基本参数，直接影响了程序的执行速度。2013 年 9 月，Scratch 语言开发团队公布了 Scratch 2.0 的 PC 版本，与之前的 Scratch 2.1 相比，循环速度有了很大的提升，本文将通过实验比较两个版本在循环时间上的差异。

1. 问题的提出

在 Scratch 1.4 中，如果需要开发一个秒表，使用图 1 所示的程序就会发现秒表并不像预想的那样，结束程序之后，小猫会说 10，而是多出了 0.34，这个误差产生的原因是程序完成一个循环需要时间，这个时间在 Scratch 1.4 之下是多少可以通过实验进行研究。

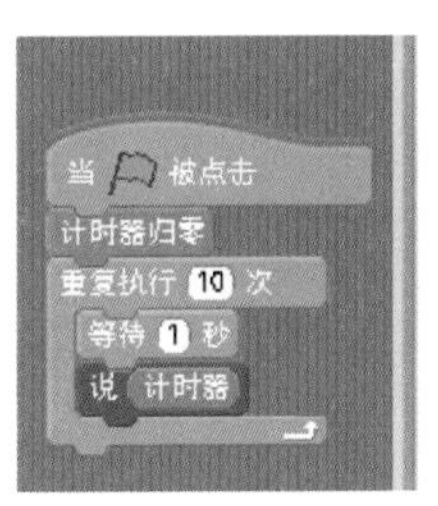

图 1　Scratch 1.4 下制作一个秒表

2. Scratch 1.4 之下的循环时间测定

为了获取数据，在“变量”菜单中新建一个链表“时间”(见图 2)，并修改程序，将每次循环结束后的时间存储在链表中。

将链表输出为.txt 文件在 Excel 中进行分析。首先可以通过差值的方法进行分析，如图 3 所示。

此外，还可以通过 Excel 绘制差值结果的图像，并通过拟合直线的方法来分析循环时间的平均值，如图 4 所示。

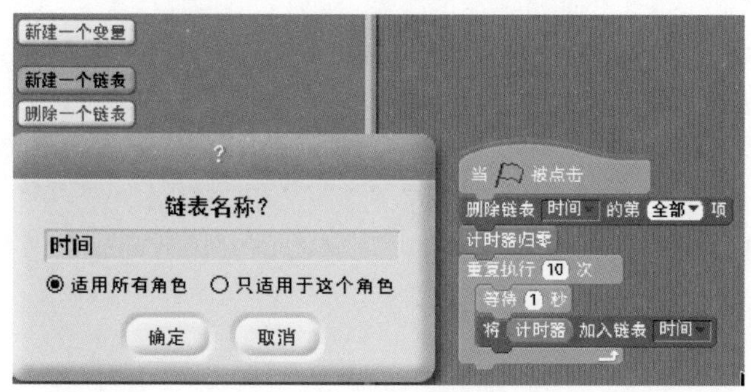

图 2　用链表存储数据

时间
1 1.023
2 2.051
3 3.082
4 4.117
5 5.15
6 6.183
7 7.218
8 8.251
9 9.288
10 10.328
+ 长度: 10

输出
导入...
隐藏

E3　=AVERAGE(D3:D12)

A	B	C	D	E
Scratch1.4的循环时间的研究				
理论值/秒	测量值/秒	差值/秒	差分/秒	平均值/秒
1	1.023	0.023	0.023	0.0328
2	2.051	0.051	0.028	
3	3.082	0.082	0.031	
4	4.117	0.117	0.035	
5	5.15	0.15	0.033	
6	6.183	0.183	0.033	
7	7.218	0.218	0.035	
8	8.251	0.251	0.033	
9	9.288	0.288	0.037	
10	10.328	0.328	0.04	

图 3　用 Excel 分析循环时间的数值

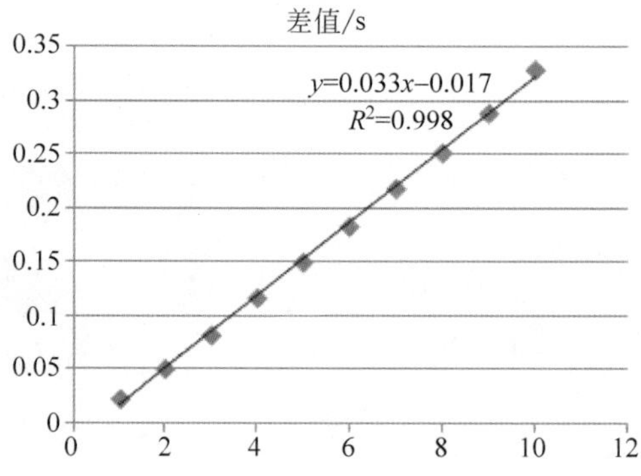

图 4　使用线性拟合的方法研究循环时间

研究表明,每次循环大约需要 0.033s,并且循环执行的过程中循环时间基本稳定。但是循环内部“等待 1 秒”和“将计时器加入链表”可能也需要占用一定的时间。修改研究工具如图 5 所示。

实验发现,Scratch 1.4 的循环时间是 0.0252s,并且是一个稳定的数据,实验原始数据见表 1。

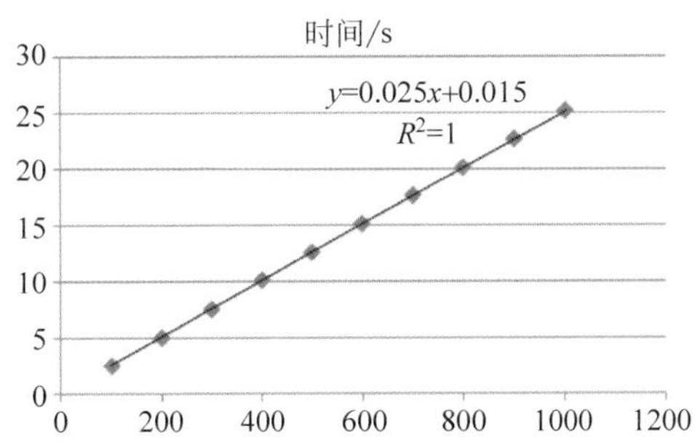

图 5　改进后的循环时间测定程序

表 1　Scratch 1.4 的循环时间测定

循环次数	时间/s	差值/s
100	2.51	2.51
200	5.039	2.529
300	7.554	2.515
400	10.125	2.571
500	12.586	2.461
600	15.098	2.512
700	17.613	2.515
800	20.12	2.507
900	22.655	2.535
1000	25.153	2.498
平均值		2.5153

研究发现，由于 Scratch 1.4 的循环时间是一个稳定值，因此只需用 1000 次循环的时间除以 1000 就可以比较准确地测定这个数，如图 6 所示。这个数据看似较小，但是在计算机看来已经是一个非常慢的循环速度了，这意味着计算机在每秒只能完成 40 个循环。在 Scratch 1.4 中提供了超速模式，这种模式使得程序的循环时间大大加快，超速模式的速度是普通模式下的 1/50。

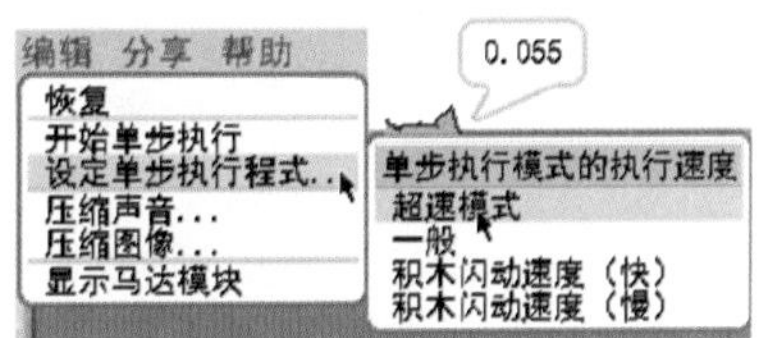

图 6　Scratch 1.4 中超速模式执行 1000 次循环的时间

可以看出在超速模式下，执行 1000 次循环的时间是一般模式下的 500 倍。

3. Scratch 2.0 下的循环时间测定

在 Scratch 2.0 中使用类似的方法，测定 Scratch 2.0 的循环时间（图 7），可以发现 100 万次循环的时间为 0.82s，每次循环的时间为 8.2×10^{-7}s，循环时间是 Scratch 1.4 的 3 万分之一，是 Scratch 1.4 下超速模式的六百分之一。

实验发现，在 Scratch 2.0 中的加速模式下循环时间没有变化，加速模式的原理还需要进一步研究。

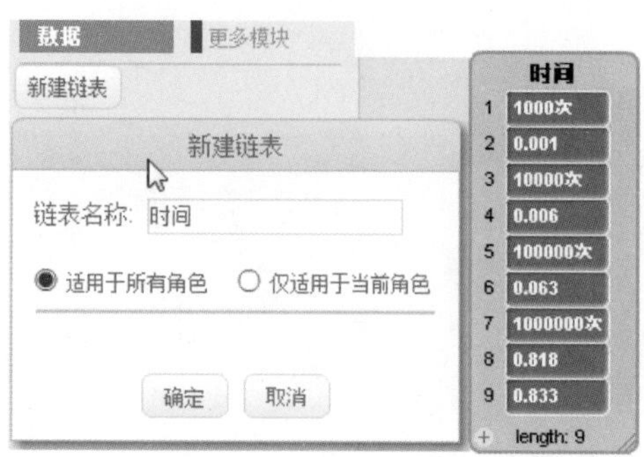

图 7　Scratch 2.0 下普通模式下的循环时间

4. 进一步需要研究的问题

本研究指出了 Scratch 2.0 相对于 Scratch 1.4 的一个不常被发现但是非常重要的改进，即循环时间的变化，这种变化使得 Scratch 能够完成一些复杂的程序和科学计算得以实现。

如图 8 所示，通过一百万次计算，经过 5.38s，将圆周率的计算精确到小数点后第六位，这个程序在 Scratch 1.4 中至少需要 7h 的时间。

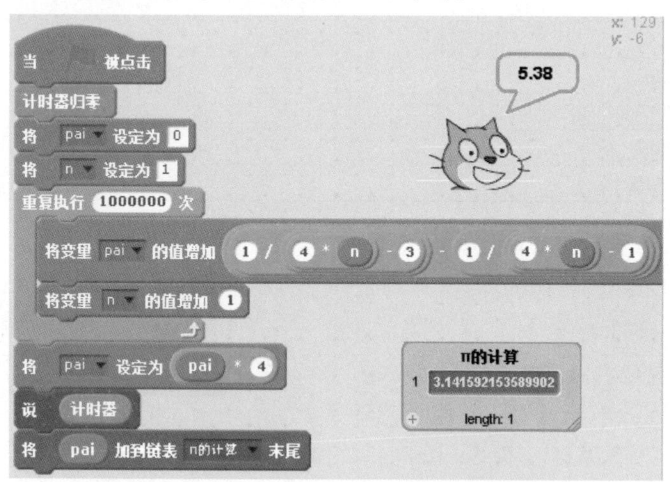

图 8　使用 Scratch 2.0 来计算圆周率

注：Scratch 2.0 计算 π 的数值：http://scratch.mit.edu/projects/12359172/。
Scratch 1.4 中循环时间的测定：http://scratch.mit.edu/projects/12358897/。

至此完成了一篇论文研究报告的写作。本书接下来的内容都可以撰写一个研究报告，期望一份规范的研究报告，能够成为与他人交流感测与控制技术良好的起点，期望有一些优秀的报告能够在专业的学术期刊上发表，或者可以参加科技创新大赛一类的科技比赛。

第 2 章　计算机标准配置传感器的应用和改装

计算机发展至今，作为一台准标配置的计算机，其常见的外部设备的种类越来越多，一开始是键盘，后来是鼠标，接下来又有了麦克风和摄像头，现在触摸屏又渐渐地成为一种准标配置，这些设备作为信息输入到计算机的工具，都可以当作传感器来处理，用于研究一些科学问题或者制作一个艺术作品。总之，深入研究感测与控制技术，将会从这些计算机标准配置的传感器的应用和改装开始。

2.1　按键速度的研究——第一个研究型程序

首先介绍的是键盘。键盘是为人所熟知的计算机外部设备，也是历史最悠久的计算机外设之一。换个思路，键盘实际上就是一系列开关的集合，利用这一特点可以对其加以改装，制作出符合要求的传感器。

在一些网络游戏中有一项从一个侧面反映玩家水平的指标，即 APM(Actions Per Minute)，它测量的是玩家一分钟的动作次数，又称“手速”。现在希望利用键盘模拟这个测量过程，用自己编写的程序测算出自己的键盘 APM。在这一节中将从这样一个简单的例子入手，学习如何使用 Scratch 结合硬件制作一个研究型的项目。

2.1.1　硬件准备

准备一个键盘，在 Scratch 语言中，与键盘相关的感测量是 按键 空格键 是否按下? ，全部为二值量。键盘与计算机的接口一般分为 PS2 和 USB 两种，如图 2.1 所示。

图 2.1　PS2 键盘和 USB 键盘

2.1.2 搭建程序

在 Scratch 程序中,需要的核心功能是测量两次按键的时间差;此外还需要一些其他辅助的功能,比如利用循环结构采集多个数据、计时器清零等。

首先打开 Scratch,新建一个项目。在这个程序中利用 Scratch 的一个重要功能是“计时器”,如图 2.2 所示。它从 Scratch 程序启动开始,随时都在计时,在程序中可以将其当作一个变量来使用,并可以将其清零。

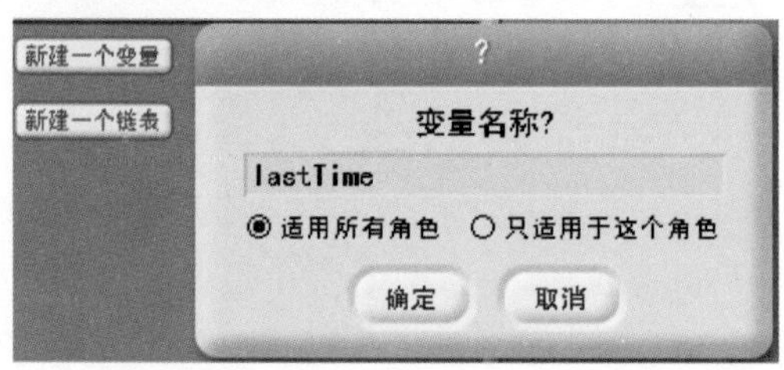

图 2.2 新建一个变量 lastTime

除了计时器,还需要一个变量用来存储上一次按键时的时刻。新建一个变量,取名为 lastTime。

图 2.3 所示为 Scratch 的控制结构,搭建实现最基础功能的程序,程序的执行效果是每按一次空格键之后显示上一次按下空格键到这一次按下空格键的时间间隔。

在这个程序中只能一次性地显示反应时间,无法将实验结果记录下来。为了记录数据,可以新建一个链表,取名为 Time。每次按下空格键时将数据存入 Time 链表中,以完成以后的数据处理。此外,应该考虑到在按空格键时进行判断是否为第一次按,这样可以避免在程序刚刚开始时按空格键的延迟,读者可以自行测试加与不加判断语句的效果。最终的测量程序如图 2.4 所示。

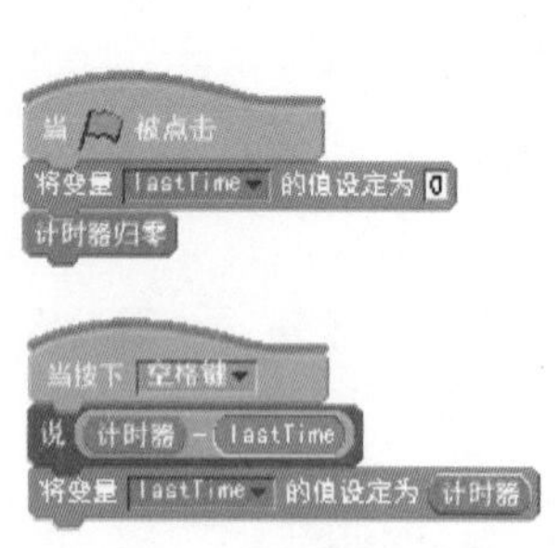

图 2.3 基础程序

图 2.4 完整程序

2.1.3 进行实验

程序搭建完成后就可以开始实验了。在单击绿色旗子复位后就可以开始连续按空格

键，按键间隔将被保存在 Time 链表中。图 2.5 就是实验进行中的情景。

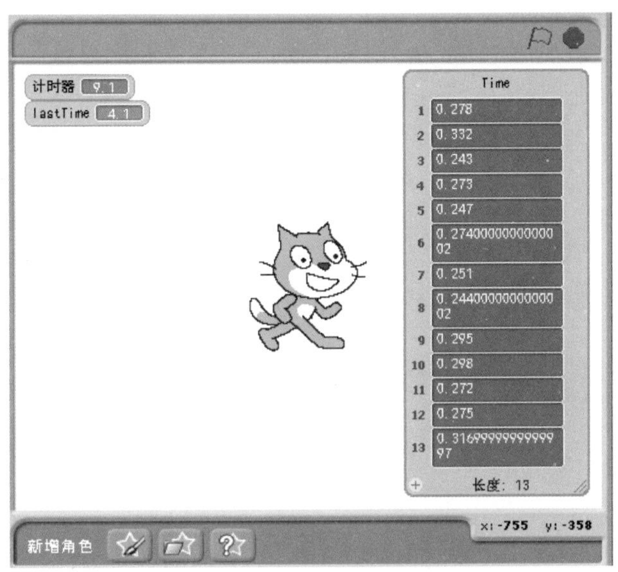

图 2.5　进行实验

2.1.4　数据处理

在 Scratch 程序中得到了大量的按键间隔数据，那么如何利用它们计算出最终需要的 APM 数据呢？对于数据处理，第一个想到的工具便是 Excel。在之后的例子中能够逐渐看到，Excel 作为办公软件同时具有强大的数据处理能力，能够为研究工作带来很大的帮助，应该熟练掌握其使用方法。

在采集到足够的数据后，利用 Scratch 提供的数据导出功能，在链表上右击，从弹出的快捷菜单中选择“输出”命令，即可将数据存为.txt 格式的文档，将数据复制进 Excel 中，如图 2.6 所示。

在 Excel 中可以方便地对数据进行处理，首先将计算按键间隔平均值四舍五入之后为 0.277s，之后用 60 除以平均值得到 APM，如图 2.7 所示。

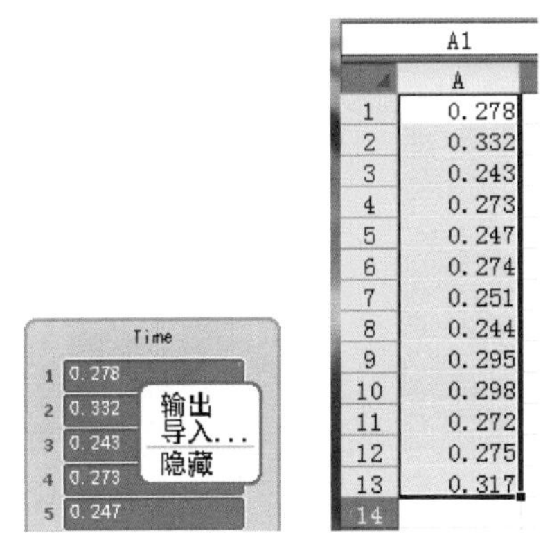

	A
1	0.278
2	0.332
3	0.243
4	0.273
5	0.247
6	0.274
7	0.251
8	0.244
9	0.295
10	0.298
11	0.272
12	0.275
13	0.317
14	

图 2.6　导出数据

A15　=1/A14*60

	A	B	C	D
2	0.332			
3	0.243			
4	0.273			
5	0.247			
6	0.274			
7	0.251			
8	0.244			
9	0.295			
10	0.298			
11	0.272			
12	0.275			
13	0.317			
14	0.276846			
15	216.7269			

图 2.7　数据处理

2.1.5 评价反思

在这个例子中，利用 Scratch 的计时器功能，结合现有的键盘，搭建了测量按键间隔的程序，并利用数据处理软件计算出了 APM 值。在 Scratch 程序中充分利用了它的变量和链表功能用来记录数据，在之后的研究型程序中，这两者还将发挥更大的作用，所以希望读者能够熟练掌握。

实际上在这个例子中，数据处理是比较简单的，也可以选择在 Scratch 中直接进行，利用其提供的运算功能直接在程序运行过程中显示平均按键间隔与平均 APM，见图 2.8。建议读者独立思考，搭建出带有数据处理功能的程序。以下提供了一个参考版本。

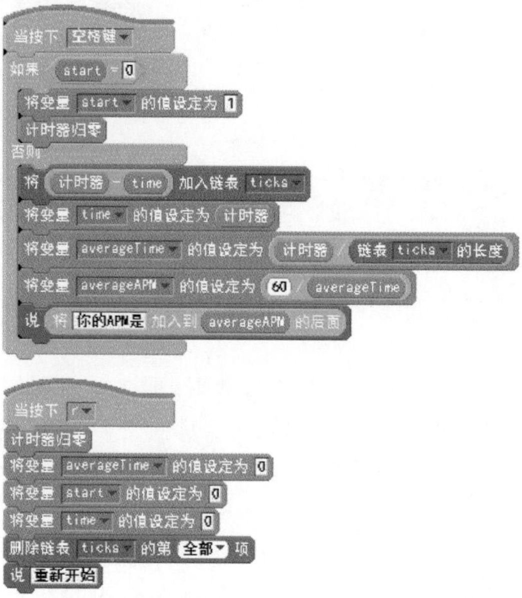

```
当按下 空格键
如果 start = 0
    将变量 start 的值设定为 1
    计时器归零
否则
    将 计时器 - time 加入链表 ticks
    将变量 time 的值设定为 计时器
    将变量 averageTime 的值设定为 计时器 / 链表 ticks 的长度
    将变量 averageAPM 的值设定为 60 / averageTime
    说 将 你的APM是 加入到 averageAPM 的后面

当按下 r
计时器归零
将变量 averageTime 的值设定为 0
将变量 start 的值设定为 0
将变量 time 的值设定为 0
删除链表 ticks 的第 全部 项
说 重新开始
```

图 2.8　一个参考程序

在这个例子中，只用到了键盘的一个按键，并没有发挥键盘的全部潜力。在之后的例子中，将尝试对键盘进行改装，制作出更具有创意的作品。

在 APM 的定义中，APM 包括了鼠标及键盘的操作的总和。在 Scratch 中同时提供了鼠标和键盘的按键检测功能，请试着搭建包括键盘和鼠标操作的 APM 测试程序。在熟悉了程序搭建之后，请尝试通过数据处理探究鼠标和键盘 APM 的差异，包括左、右手 APM 的差异等。

2.2 用键盘组成的乐队

近些年来，数字音乐作为一个计算机技术与艺术领域相结合的产物，变得越来越流行。借助一些专业软件，可以在一台计算机上制作出在以往需要整个交响乐队才能演奏出的乐曲。Scratch 软件中同样提供了丰富的声音素材与播放功能，在这个例子中，我们

尝试充分利用键盘的各个按键，用 Scratch 搭建具有丰富功能的程序，制作出一个“键盘乐队”。

2.2.1　硬件准备

在这一节中同样使用现有的 USB 键盘，不加改装。为了方便多人同时演奏，可以考虑在计算机上外接多个 USB 键盘，它们可以同时被响应。

2.2.2　搭建程序

在这个案例中，主要应用的是 Scratch 中的声音面板，如图 2.9 所示。这个面板提供了播放声音、调整音色、调整声音时长等功能。

尝试用按键播放一个声音，就是使用键盘来弹奏音乐，以其中的弹奏音符举例，可看到弹奏音符有音调和拍子长短两个参数，如图 2.10 所示。拍子的长短表示一个音符持续的时间，比如弹奏音符 0.25 拍，表示音符持续 0.25s。

接下来，为了弹奏音符，需要一个程序来对按键作出反应，使其播放刚才设定好的音符，见图 2.11。

一个按键做好了，为了能达成演奏的效果，需要使用一系列的程序来使用多个按键来完成。为方便起见，Scratch 提供了复制程序块的功能，如图 2.12 所示。

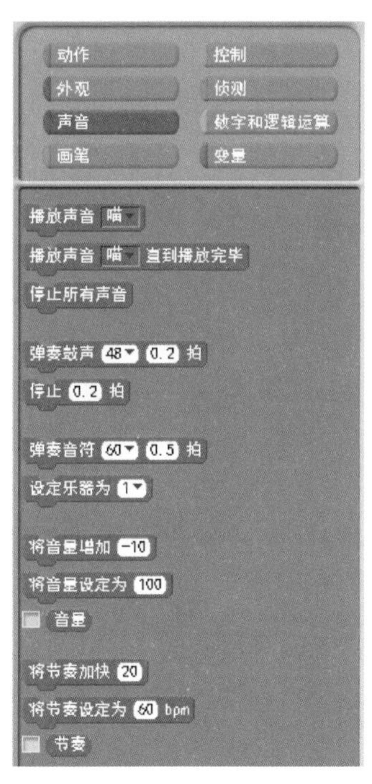

图 2.9　声音面板

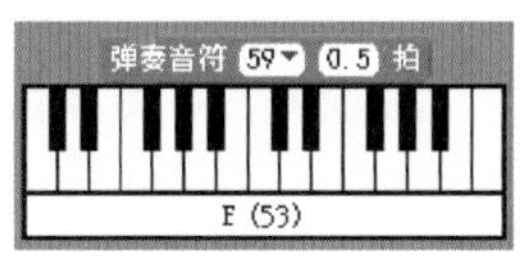

图 2.10　选择音调与设定拍子

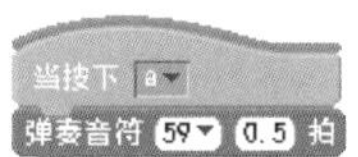

图 2.11　基础程序

图 2.12　复制程序

在想要复制的一段程序上右击，在弹出的快捷菜单中选择“复制”命令，便可以得到复制后的程序。调整参数，以实现使用键盘上一排键弹奏音阶的功能，如图 2.13 所示。

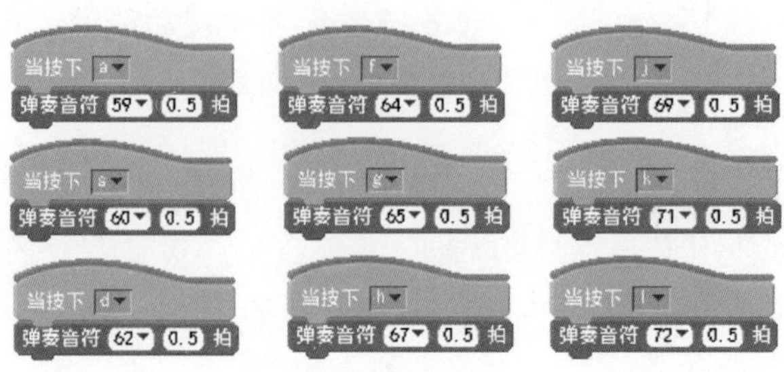

图 2.13　完整程序

2.2.3　实际应用

在熟练掌握了声音面板的使用后，读者可以自行发挥创意，设计按键调整演奏的乐器（音色）、拍子时长等，并在实际使用过程中不断调整功能，以达到更好的效果。

在 Scratch 中，弹奏音符功能提供了很多的乐器，刚才使用的是默认的钢琴，读者在制作的时候可以选择更多的乐器，如图 2.14 所示。还可以使用一些简单的小程序来完成演奏中的乐器切换，获得更多的乐趣。

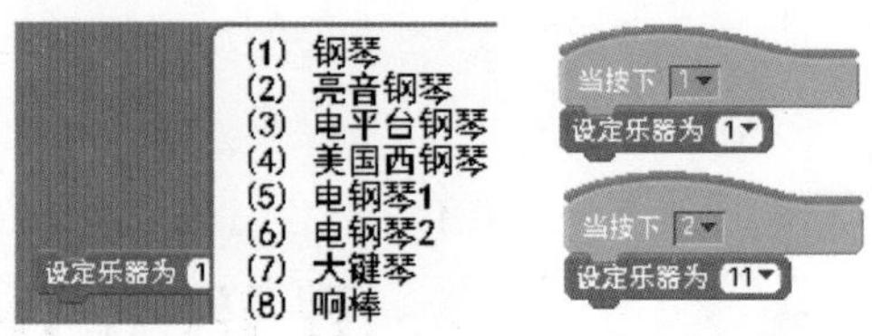

图 2.14　乐器选择

2.2.4　评价反思

利用这一程序可以实现一人进行多种乐器、多种音色的演奏，如果愿意还可以利用外接 USB 键盘，让一个计算机接两个键盘，这两个键盘可以独立使用，可实现多人同时演奏。读者应该尤其注意从一个设计者的角度使用程序，在演奏的过程中不断调整、扩充功能，许多实用、方便的程序都需要经历这样一个再开发的过程，读者应当在这个例子中充分体会。

在这个案例中使用了弹奏音符的功能，而 Scratch 的声音面板中还有很多其他的功能，如播放声音、弹奏鼓声等，大家可以尝试着使用声音面板中的其他功能来编写程序。

2.3　拆掉键盘——楼梯钢琴

当计算机键盘与 Scratch 程序相结合时，诞生了简易而有趣的“电子乐队”。在制作与体验的过程中，从中可体会到艺术创作的快乐。那么如果摆脱计算机键盘硬件的限制，是否可以走得更远？在这一节中我们将拆掉键盘，制作一台用全身来弹奏的“楼梯钢琴”，在不断的思考与尝试中体会设计的过程。

2.3.1　硬件准备

在本节中，硬件的准备是重点所在。希望制作的“楼梯钢琴”与键盘的操作方式一致，但硬件实现不同，这就意味着可以拆掉键盘，将按键处的导线引出来连接到需要的位置。设计的思路是比较自然的，然而在实际制作的过程中也有许多细节需要考虑。

寻找一块废旧的键盘，USB 接口或 PS/2 接口均可。旋下背面的螺钉，将键盘拆开，如图 2.15 所示。

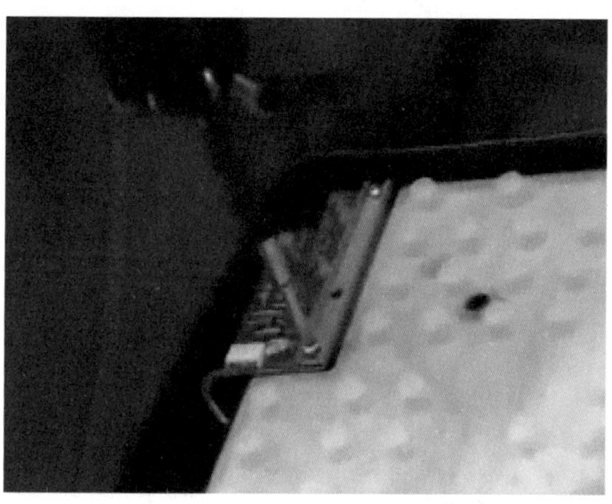

图 2.15　将键盘的芯片拆下来

可以看到键盘内部主要分为 3 个部分：按键的机械装置、感知按键按下的导电薄膜以及连接计算机的控制电路。可以用导线连接的部分有两处：一是薄膜上对应按键处的导电部分；二是薄膜与控制电路板相接处的触点。如图 2.16 所示，两个触点用导线连接起来可以输入一个字符。

图 2.16　键盘电路内部

为了明确，两个触点短路之后，具体输入哪个字母需要做一个实验。把拆后的键盘连接到计算机上，打开一个文字输入软件，如记事本，然后使用一根短导线尝试连接任意两个触点，如果屏幕上显示有字母输入，则记下键位与导线连接的位置，如图 2.17 所示。

图 2.17　用导线连接两个触点确定触点与字符的对应关系

用这种方法得到足够多的对应关系便可以用于连接自己的“楼梯钢琴”，如图 2.18 所示。

图 2.18　楼梯钢琴示意图

对于需要制作的“楼梯钢琴”的具体形式是比较灵活的，其核心仅仅是一个按键式的结构，可以在两片稍有弹性的材料上覆盖导电材料，使得其在平时是分开的，而施加压力时可以贴合。读者可以选择把它放置在楼梯上，也可以排列在地板上，更可以发挥自己的创意，制作其他形式的“钢琴键盘”。最后不要忘记，在外面包裹上用于保护以及美观的贴纸或塑料薄膜。对于导电材料，在商场也很容易买到烧烤使用的大型的锡箔纸，如果希望导电效果更好，可以在电子市场购买到铜箔。

如图 2.19 所示，两片模板的内侧粘上铜箔，两端用木片固定，按压中心的时候电路连通，将铜箔连接到键盘的触点上，踩模板的中心，就可以将对应的按键按下了。

图 2.19　用木板制作的键盘踏板

2.3.2　搭建程序

这一节对 Scratch 程序的搭建没有任何的限制。读者可以选择沿用上一节中的程序，也可以配合自己的硬件设计，加入其他功能。

2.3.3　实际应用

制作好“楼梯钢琴”之后便可以进行测试了。硬件方面可能会遇到接触不良、弹性材料失去弹性等问题，这就需要读者不断尝试改进设计。与计算机键盘相比，所设计的“楼梯钢琴”可能更加便于多个人的同时使用，所得到的乐趣与收获也将更大。

如果尝试了多人的“钢琴弹奏”，可能会发现有时候在同时按下多个键时会遇到没有反应的情况。这实际上是囿于计算机键盘设计本身的限制，读者可以自行查找资料，了解具体的限制及其原因。作为查找资料的切入点，可以选取“键盘 冲突”作为关键词。

2.4　用鼠标左键改装的报警器

鼠标是计算机输入设备的简称，分有线和无线两种。也是计算机显示系统纵、横坐标定位的指示器，因形似老鼠而得名“鼠标”。“鼠标”的标准称呼应该是“鼠标器”，英文名为“Mouse”。使用鼠标是为了使计算机的操作更加简便，来代替键盘烦琐的指令。现在的触摸屏和手写板虽然原理与鼠标不同，但功能是一致的。

鼠标是最频繁使用的设备之一，而其中的左键更是最常使用的一个按键。在本节中，会将鼠标的左键拆出来，并通过 Scratch 程序编程组成一个简单的报警程序。从最简单的鼠标侦测入手，学习使用 Scratch 程序对鼠标的操作进行讲解。

在 Scratch 中通过以下 3 个感测量与程序进行连接，其中 按下鼠标? 为二值量，鼠标的x坐标 、鼠标的y坐标 为多值量。

2.4.1 硬件准备

作为本章的第一个项目，需要准备一个鼠标，并进行一些简单的改装。因为需要改装鼠标，所以为了节约起见，可使用便宜的甚至是废旧的鼠标，只要左键可以正常使用即可。

准备好一个鼠标之后就可以开始改装了。首先需要拆开鼠标，内部电路如图 2.20 所示，认真观察可以看出在左键和右键的下方都有一个开关。

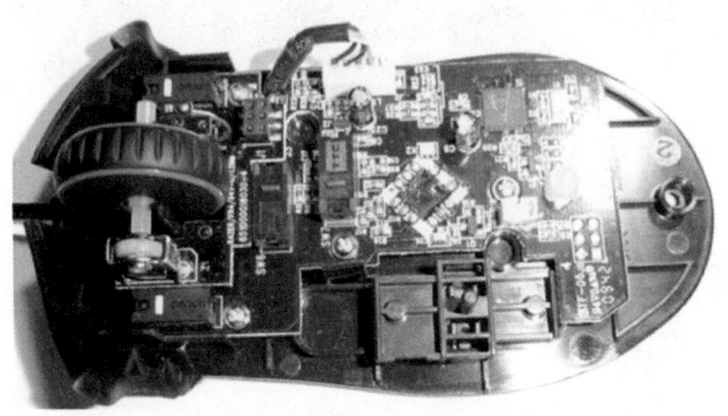

图 2.20　鼠标内部结构

将其中关于鼠标左键的两根线引出来供接下来的实验使用，在按键的背面有 3 个接线柱，用导线将其中的两个短路，判断哪两根接线柱短路与鼠标左键被按下相当，如图 2.21 所示。

图 2.21　鼠标左键显示的结构

2.4.2 搭建程序

在这小节中主要是进行鼠标的改装，再辅以一些简单 Scratch 的程序。在 Scratch 程序中，主要需要侦测鼠标左键，并发出声音(警报)。同时，还需要利用循环结构来一次一次地重复运行侦测。

由于这个程序比较简单,可以做出多种程序来达到同一个目的,在这里,就以其中一种为例编写。

首先,需要侦测鼠标被按下,然后开始执行警报程序,在 Scratch 的控制模块面板中,有一个在符合一个条件前一直等待的模块(直到 前都等待着)。可以将鼠标是否被按下(按下鼠标?)作为条件来实现目的,如图 2.22 所示。

在侦测到鼠标按下后,就需要播放一个声音(警报),为了演示方便,就以 Scratch 中带的声音“喵”来演示,如图 2.23 所示。由于这个“喵”声很短,光是播放一次声音“喵”当然不够,为了保证报警可以吸引关注,就需要持续不断地播放声音,这就需要一个循环模块来完成。

图 2.22 侦测按下鼠标

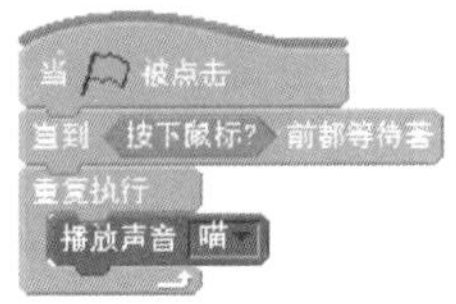

图 2.23 循环播放“喵”

接下来就需要解决另一个问题,当发现报警之后如何来解除警报呢?可以假设解除警报就是鼠标左键不再被按下,那么就需要将程序再改一下,使用“重复执行直到”模块。在 Scratch 的“数字和逻辑运算”面板中,提供很多关于逻辑判断的模块,其中就有一个“条件不成立”(不成立),可以通过该模块来以侦测鼠标按下不成立为“重复执行直到”的条件,实现鼠标抬起时停止循环播放声音,如图 2.24 所示。

至此程序的主体就已经完成了,现在这个程序只是可以实现单次报警,一次报警过程完成之后程序就已经结束了,而为了这个报警程序可以多次使用,最后需要做的就是重复执行这段程序,添加一个重复执行模块,使得这个程序可以一直保持运行,如图 2.25 所示。

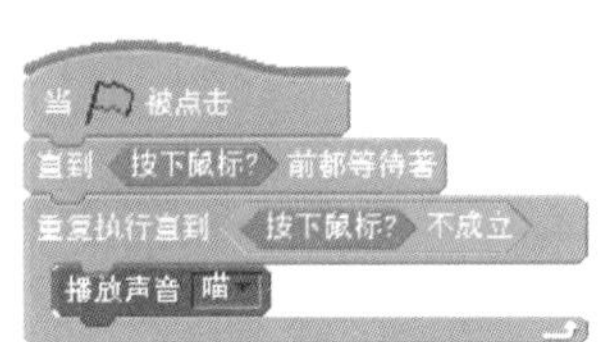

图 2.24 重复执行直到

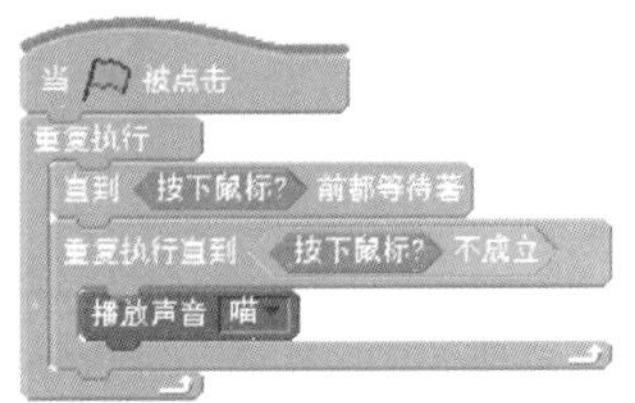

图 2.25 完整程序

2.4.3 实际应用

前面已经准备好硬件和程序,可以开始进行这个实验了。将硬件连接好后,单击绿色旗子,程序就开始运行了。

在本案例中,已经将鼠标改装成一个小的报警器,读者可以自己设计一个情景,比如一个重物倒下之后按压报警器,来引起警报,使我们可以在实验中获得更多的乐趣。

2.4.4 评价反思

利用这个设备及程序，可以实现在一些比较简单的情况下报警，如果愿意，还可以利用外接更多的 USB 鼠标实现多个装置同时监控；也可以通过添加一个总开关来控制警报程序是否运行。

在硬件方面，本例中只用到了鼠标左键。本节结束之后，希望读者可以利用鼠标的右键甚至是滚轮，制作出更有创意的作品。

在 Scratch 中，可以实现这个案例的程序有很多，在本书的例子中，使用的是重复播放一个声音的第一个音。读者可以尝试在报警时播放一个相对较长的声音，警报解除时停止声音的播放。

在本节中，通过改装鼠标来实现将开关量输入计算机的功能，并把这一传感器投入了实际应用，程序方面则进一步练习了循环结构与逻辑控制。虽然涉及的知识比较简单，但是作为一个工程应用，需要考虑的绝不仅仅是最基本的功能实现。以本节中的防盗报警器为例，其本质就是一个开关，然而在实际应用中必须做仔细的设计以使报警器可以在需要时确保触发，而在平时却比较隐蔽。希望读者可以借此体会工程应用中的思路，技术必须与设计相结合才能达到预期的效果。

在之后的探究中，将进一步探索鼠标能够提供的其他丰富的传感器功能，进行一些科学探究的项目。

2.5 用鼠标滚轮改装的曲线测量仪

在 2.4 节中初步展示了鼠标作为 Scratch 程序传感器的应用。显然，只利用鼠标的按键远远没有发挥出鼠标的潜力。鼠标滚轮是人们经常用到的鼠标功能之一，它的内部构造是一个光电编码器，用户转动一个齿格时传感器便可以感知到一个固定角度的变化，并向计算机发送一次滚动的信号。明白了这个原理，便可以利用滚动信号的数量获知滚轮转动的角度，进而得到滚轮滚动的距离。

2.5.1 硬件准备

这次实验同样需要一只鼠标，保持滚轮清洁且能正常工作即可。此外，还需要白纸与直尺，白纸上可以画好一些直线及待测的曲线等。

2.5.2 搭建程序

在 Scratch 程序中，需要用到的一个核心技巧便是：鼠标的向下滚动会识别为按下“下箭头”键。据此便可以方便地获得鼠标滚动的次数。一个极为简单的检测程序如图 2.26 所示。

但是很快就会发现问题，那就是这里的长度并不是鼠标滚轮真正滚过的距离。为了得到滚动的次数与滚过距离的关系，就需要进行标定。在白纸上画 3～5 条已知长度的线段，使鼠标滚过线段，通过将实际距离与滚动次数相除，取平均后得到滚动次数与距离之间的换算系数，如图 2.27 所示，之后通过下面的程序便可以方便地得到距离信息。

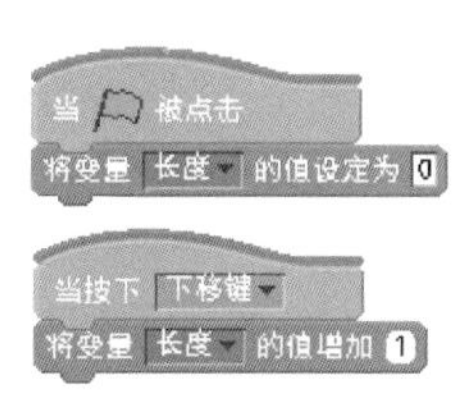

图 2.26　侦测按下下移键的次数

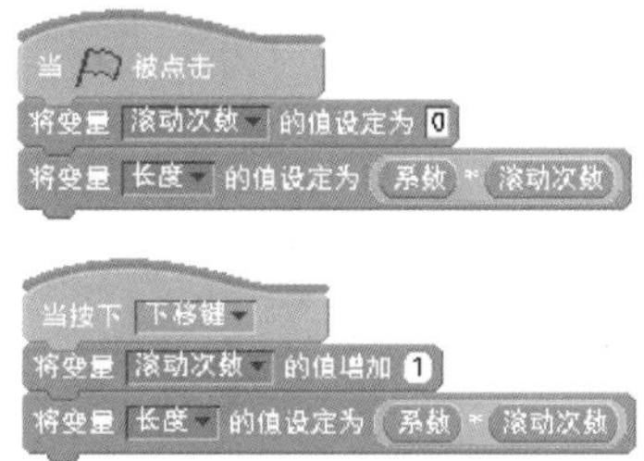

图 2.27　用换算系数来得到鼠标滚动次数与滚动长度之间的换算关系

2.5.3　实验与数据处理

在实际的实验中，读者可以使用“曲线测量仪”测量白纸上几条直线或曲线的长度，并与使用直尺等传统工具测出的结果进行比较，计算出相对误差。比较直线与曲线在相对误差上是否有所区别。

作为扩展的实验内容，读者还可以尝试在不同材质以及粗糙度表面上使用“曲线测量仪”进行测量并计算相对误差，相互比较并分析不同误差的原因。

2.5.4　评价反思

在本节的实验中，为鼠标滚轮找到了充满创意的使用方法，希望能够对读者拓宽思路、发散思维有所帮助。实验还涉及了实验仪器的标定，这也是一种常见而重要的实验思路。实际上，为了确定鼠标滚动次数与滚过距离的关系，也可以直接测定，比如测量鼠标滚轮一次滚动的角度或滚动一圈的滚动次数及滚轮的周长，通过这些数据直接计算得到。然而在实际实验中发现，对于许多待确定的线性关系，使用标定的方法往往更加简便有效，读者应当仔细体会这一思路。

2.6　用鼠标制作画图板

在本节中，将着重探索丰富的 Scratch 功能，制作一块简洁而实用的画图板。

2.6.1　搭建程序

画图板的核心功能就是在鼠标拖动时画下鼠标的移动轨迹，为此需要探索 Scratch 中“画笔”面板的使用。调出 Scratch 的“画笔”面板，其中最上面的 3 个语句块分别为“清除所有画笔”、“落笔”与“停笔”，对应着画笔最重要的 3 个功能。“清除所有画笔”顾名思义为清除界面里所有用画笔留下的笔迹；当执行“落笔”时，此后当前角色的所有移动都将留下笔迹；“停笔”则停止这一过程。为了试验这一功能，可以试着搭建图 2.28 所示的程序。

当单击绿色旗子开始程序后，会发现在舞台上移动鼠标时，角色会跟随鼠标移动，而角色后方则会留下一条痕迹。为了使画图板不至于有一只小猫始终在舞台上跑，需要修改角色的外观。单击新增角色按钮（ ），在窗口中画一个点，这就代表了我们画图板的笔尖。

接下来需要实现只有在鼠标按下时才画图，反之没有反应。请读者先自行思考如何实现，注意充分利用 Scratch 提供的控制语句块。图 2.29 提供了一个可行的示例。

图 2.28　让角色伴随着鼠标移动

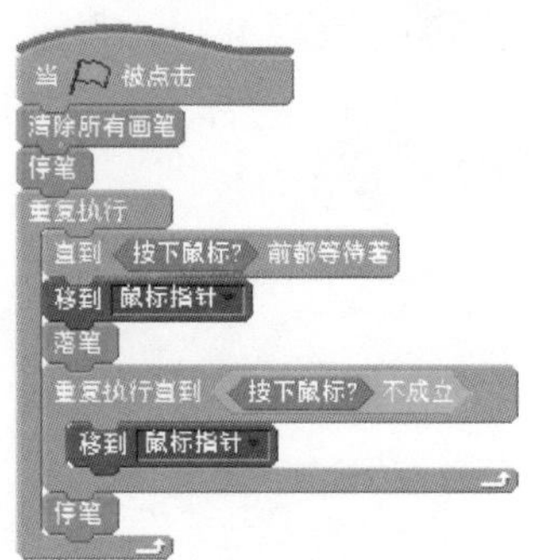

图 2.29　制作按下鼠标后才开始画图的功能

在画图板的下方还提供了各种调节画笔的功能，比如画笔的颜色、大小等，应该尽量把它们利用起来，以增加画图板的功能。这一部分的设计十分自由，一个比较适当的设计方法是：用一个变量表示某一画图的参数，画图时使用这个参数，用按键或其他方式修改这个参数。读者在设计中还要注意变量边界的处理，不要加减一个变量超出界限。图 2.30 提供了一个示例的程序，其中上半部分是画笔的一些调节功能，下半部分是基本的画图功能。读者不应拘泥于此，而是应该积极探索更加实用的功能。

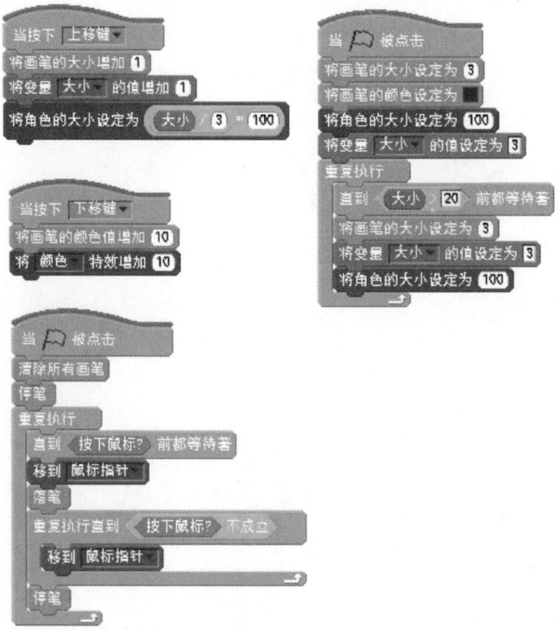

图 2.30　能够画图还能够用鼠标滚轮调整颜色的画图板

2.6.2 评价反思

在本节中探索了 Scratch 的画图功能，并实现了一个鼠标绘画的画图板。实现"鼠标按下"时才绘图的功能有一些难度，要求读者对循环、判断等控制结构掌握比较熟练。利用 Scratch 提供的对画笔的基本控制功能，还可以实现更多实用的功能，希望读者可以多思考、多尝试。

大家还可以进一步思考如何实现画图板中常见的"笔触"功能，即画出线条的宽度会随着画笔移动的速度而变化，快速绘制时线条较细，反之较粗。在实现中可能需要设计一个定时执行的结构探测鼠标移动的快慢，并据此调节画笔的大小。尤其要注意的是，线条大小的变化要自然，读者需要开动脑筋，设计实现。对鼠标信息的二次开发在触屏的时代显得非常重要，比如有的手机软件手指触摸左移就翻前一页，右移就翻下一页，按住一个位置不放弹出一个选择窗口，这些功能都是对鼠标数据的二次开发，大家可以努力去尝试。

2.7 用鼠标模拟触摸屏功能

触摸屏是许多交互设备的主要介质。触摸屏的最大特点在于它的直观、易用，就算是两三岁的孩子在使用平板计算机时也可以很快适应，这与触控交互中种种人性化的功能设计是分不开的。本节着重分析触摸屏中一些基础的触控手势，并试图在 Scratch 中实现它。

2.7.1 功能分析

作为例子来分析一下触控功能中的缩放和旋转。读者或许已经对平板计算机中的"捏合缩放"(Pinch)功能有所了解，它只需用户将两个手指放在图片或其他对象上，手指张开则放大，合拢则缩小，一些场合旋转两个手指则图片随之旋转。这一功能在使用上十分直观、方便，而它的背后是怎样的原理呢？图 2.31 是捏合缩放功能原理的示意图。

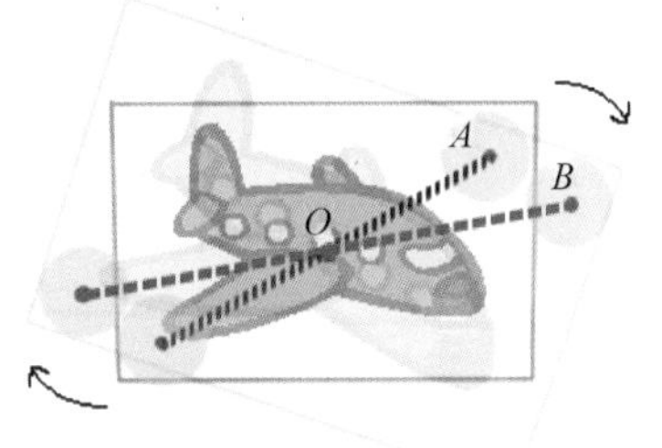

图 2.31 捏合缩放的原理示意图

灰色的圆代表手指，图 2.31 表示了从 A 处的两手指移至 B 处时发生的变化。它是以 A 处的两手指中点 O 点作为锚点，移至其他位置 B 时，图片大小缩放为原来的一定倍，并旋转角度。从这一过程中可以看出，双指缩放的功能在流程上分为 3 步。

(1) 手指落下，确定最初作为基准的大小和角度(A 处)。

(2) 手指移动，根据新位置(B 处)与基准的关系得到图片的变换。

(3) 手指抬起，图片的变换被确定。

现在便根据这一思路来试图在 Scratch 中模拟简单的缩放、旋转功能。

2.7.2 搭建程序

乍一看使用鼠标来模拟触摸屏是无法实现的，因为它只有一个指针，无法做出双指动作。但是从之前的分析中可以看出，双指的作用在于确定变换的锚点以及适应人的操作习惯，所以没有双指也是完全可行的，可以以图片的中心作为锚点。而在程序中需要实现的是确定一个基准，并以这个基准得到图片的变换。

对于流程中的3步，可以使用鼠标的按下、拖动与松开来分别对应3步，但是发现在实际的Scratch中拖动角色，默认会移动它。所以需要设计不同的触发方式。在接下来的示例程序中，使用了按空格键或者在角色上单击一次开始手势、再单击一次停止的方式。读者也可以设计其他简便的方式来控制这一流程。

在程序中基准点和鼠标移动过程中所在的点需要用不同的角色来表示，再加上被变换的图片一共有3个角色。这些角色在运行过程中需要有一些程序同时执行，相互配合，这就需要引入"消息与广播"的概念。在Scratch的"控制"面板中，注意下面的3个语句块：
广播
、
广播 并等待
和
当接收到
。

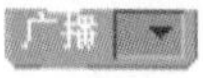

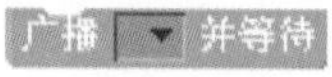

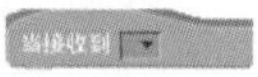

这就是Scratch的广播功能。当执行"广播 X"语句时可以发出一个自定义的信号X，此时所有写在"当接收到 X"控制结构下的语句都会开始执行。而"广播 X 并等待"则是在所有接收信号的过程都执行完毕后这一语句才继续运行。利用这一功能便可以实现不同角色之间信号的传递。

在Scratch中创建两个新角色，分别作为基准的定点和鼠标移动时的点，如图2.32所示。

在定点中加入图2.33所示的程序，当按下空格键时将定点设为当前鼠标位置，并开始手势。

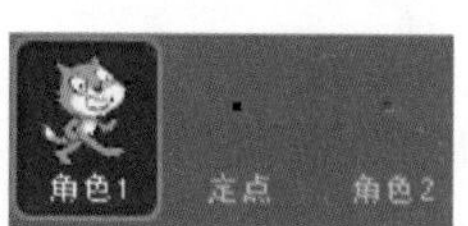

角色1
定点
角色2

图2.32 角色设计

当按下 空格键
移到 鼠标指针
广播 手势开始

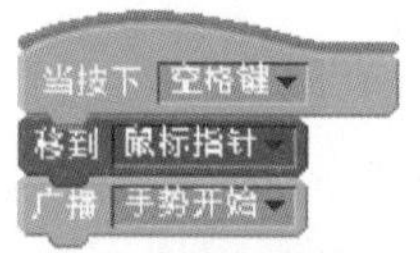

图2.33 确定起始点

在鼠标移动点的角色中，需要根据鼠标位置确定图片的大小和方向，程序如图2.34所示。

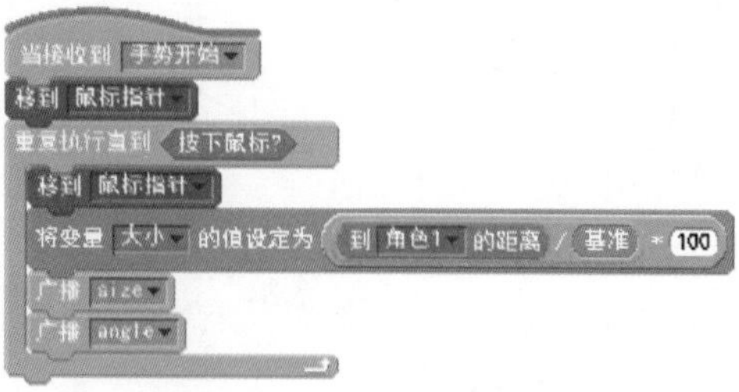

当接收到 手势开始
移到 鼠标指针
重复执行直到 按下鼠标?
移到 鼠标指针
将变量 大小 的值设定为 到 角色1 的距离 / 基准 * 100
广播 size
广播 angle

图2.34 确定角色大小

最后需要在图片的角色中响应 size 和 angle 两个信号，实现图片的变换，如图 2.35 所示。

在实现中为了简便起见，图片的方向被设定为面向鼠标指针的方向。至此程序搭建完成，读者可以按下空格键或者单击角色，试验程序的效果。

图 2.35　确定角色的大小和方向

2.7.3　评价反思

在本节活动中，对触控技术有了一些了解，并在 Scratch 中模拟实现了简单的触控功能。实际上，包括多点触控在内的触控技术正是凭借其人性化的设计与贴心的细节，获得了用户的青睐。希望读者通过本节的学习，在平时积极思考技术背后的原理，并试着利用 Scratch 等方式去实现它，以得到更多的收获。

此外，在书中给出的程序中，对于图片方向的变换采用了简化的处理，即直接面向鼠标指针。比较理想的情况则是根据鼠标动点、定点以及图片中心点确定应当面向的方向。请读者思考这一功能应当如何实现，并试着修改程序以支持这一功能。

2.8　用麦克风音量值控制的闯关游戏

除传统的鼠标、键盘外，Scratch 还提供了对麦克风的支持。在这一章的探索中我们将会看到，麦克风不仅意味着可以利用声音信息来使 Scratch 程序更加丰富多彩，更是一种使计算机感知模拟量的有力工具。

在前面几节中探索了在科学探究中，Scratch 与计算机外设改装的传感器的良好结合。本节将尝试不同的领域，试着利用 Scratch 与传感器设计互动游戏。无论在思路与流程上，这与研究型程序都有着重要的区别。之前，通过键盘钢琴实现了 Scratch 与艺术创作的结合，读者在本节中也应注意体会这一类创意应用在思想上的共通之处。

2.8.1　游戏设计

图 2.36 是我们所熟悉的直升机穿越山洞的小游戏，游戏中小飞机不断向前飞行，玩家只能控制飞机上下移动以避开障碍物。注意到在不同的平台上，飞机的上下控制方式是不同的：在计算机上多使用按键或鼠标，手机上则是触摸屏。在这一节中我们希望利用计算机的麦克风实现控制，在 Scratch 中实现这一互动游戏。

在进行这一类小游戏的制作之前，需要从游戏的设计者与玩家两个角度来考虑游戏的设计。设计者方面，需要考虑到 Scratch 的局限性，它对于游戏的画面和逻辑都有一定的限制，如难以生成变化的山洞地形等，可以先实现一个固定的地形，再考虑变化的情况。对于玩家，展现在他们面前的是一个特殊控制方式的游戏，应该设身处地地考虑游戏的难

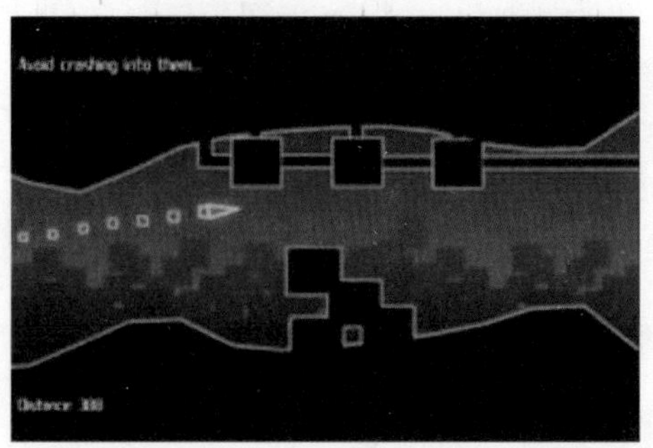

图 2.36　经典直升机小游戏的一个版本

易度和可玩性，并将改进不断地体现在游戏的制作过程中。

2.8.2　程序搭建

在游戏中主要涉及两个对象，即小飞机和山洞的地形，其中前者就作为 Scratch 的角色，而山洞可以用舞台来实现。因为 Scratch 不支持大于舞台大小的图形，所以难以实现不断变化的地形。在这里采用地形固定，飞机移动的方式来实现这个游戏。绘制好的游戏界面如图 2.37 所示。

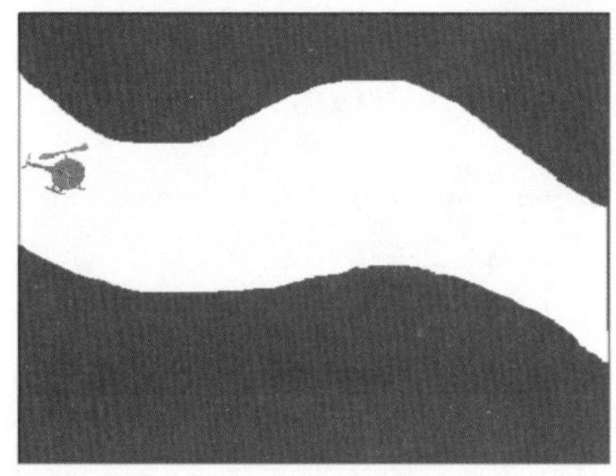

图 2.37　程序界面

为了感知麦克风的信号，需要利用“侦测”面板中的“音量值”变量（音量值）。这一变量反映了麦克风音量的大小，是 0～99 的整数值。虽然我们确认了音量是控制飞机上下移动的依据，但是具体的控制方式还是很多样的。比如可以将飞机的纵坐标直接设为音量值经过算术变换的值，也可以判断音量值大于某值时上升或下降。在示例中模拟了加速度的方式，音量的大小用于改变飞机移动的“速度”。希望读者在实现过程中自主尝试不同的控制方式，不断尝试以找到挑战与难度最平衡的方式。

程序设计的另一难点在于，在飞行过程中如何判断飞机和山洞发生了碰撞。Scratch 在“侦测”面板提供了“碰到颜色”（碰到颜色）功能，这就提示了，如果将山洞的地形用单色绘制，便可以利用这一功能判断碰撞。在判断飞机成功飞到终点的方式上，可以利用“侦测”面板的“碰到...”（碰到 边缘）功能来实现。为了程序的简洁，也可以采用一些小技巧，如在终点处也涂色，结合飞机的横坐标来实现终点处的判断。对游戏的开始和结束再添加一些简单的提示，编写出示例 Scratch 程序，如图 2.38 所示。

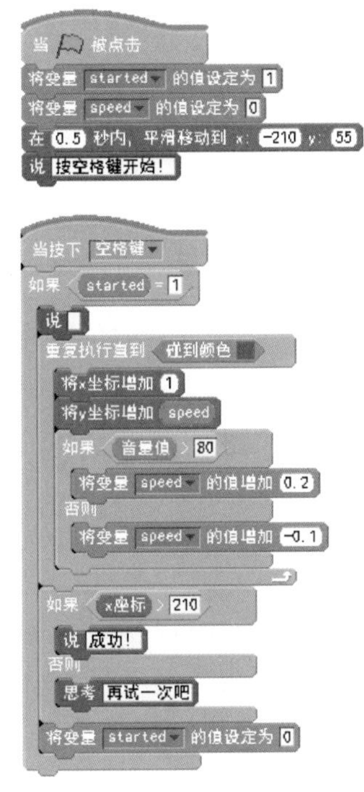

图 2.38　示例 Scratch 程序

2.8.3　游戏体验与改进

在程序编写完成之后，游戏的制作还远远没有结束，下一步的工作便是游戏的测试与改进。例如，在玩游戏的过程中，会发现小飞机在飞行的过程中图片没有任何变化，螺旋桨没有转动，这使得游戏很不真实。读者应当设计程序使得在游戏进行过程中小直升机的外观有所变化，如螺旋桨的图片快速旋转等，以提高游戏的真实性。对于游戏流程的控制、游戏记分系统的加入等，也希望读者能够自主设计、实现。

2.8.4　评价反思

本节中尝试了利用麦克风作为输入，设计制作了一款小游戏，从制作过程中可以体会到，一个创新的游戏方式可以给一个普通的游戏增添许多乐趣，然而游戏的成功与否更取决于游戏的种种细节。经过这一活动读者可以开动脑筋，探索计算机外设提供的传感器与 Scratch 结合的其他可能性，创作出有趣的交互游戏。

2.9　用耳机线实现双机通信

麦克风可以接收来自外界的声音信号，在 2.8 节中利用了其音量值的大小设计了一个简单的交互游戏。进一步想，如果音量值以某种规律变化，能不能表示数字信息呢？本节我们将尝试用一台计算机的耳机输出连接到另一台计算机的麦克风输入上，通过 Scratch 程序实现“双机通信”。

2.9.1　硬件准备

为了连接两台计算机，需要一根两端均为 3.5mm 音频插头的连接线。这样的线在音响店或者数码配件卖场等处可以买到，当然也可以自己动手，“DIY”一条“双机连接线”。找到两个废旧耳机，在靠近耳机处剪断并保留尽可能长的线，然后对应接在一起。线之间的对应一般可以通过颜色区分。如果两种耳机的漆包线染色不同，则可以通过万用表等工具尝试各种连接，以得到正确的连接。图 2.39 是一根制作好的“双机连接线”。

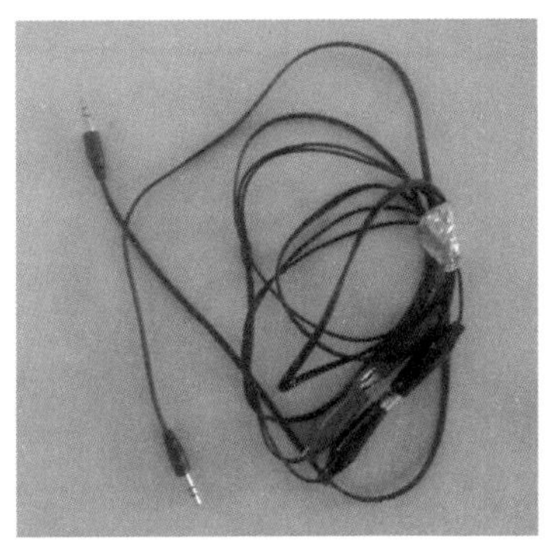

图 2.39　双头耳机线

2.9.2 搭建程序

为了实现双机互连，显然需要两段 Scratch 程序来完成，一个负责把需要发送的信息转换为声音信号并发送出去；另一个负责接收麦克风信号并翻译为信息。假设需要传送 1～7 等几个数字，应该如何设计这个转换过程呢？一个直观的想法是，可以使用音量值 10，20，30，…，70 分别代表 1～7，但这实际上是不能实现的。因为两台计算机的音量设置不同，更重要的是声音信号在传输线中传送时会产生不可精确预测的“衰减”，导致在接收端根本无法正确分辨 7 种不同的音量值。那么为了尽可能避免这种情况，可以把传送的音量值减为两种，这样在接收端就可以很容易地分辨出来。那么两种信号怎么表示 7 个数字呢？可能读者已经猜到了，只要使用十进制数字的二进制形式就可以解决了。

实际上，经历了以上的思考过程，读者已经体会到数字信号传送最核心的思想。而将数字转换为不同音量值的过程在通信领域被称为“编码”；反之则称为“解码”。读者可以自行搜索相关的资料了解相关内容。

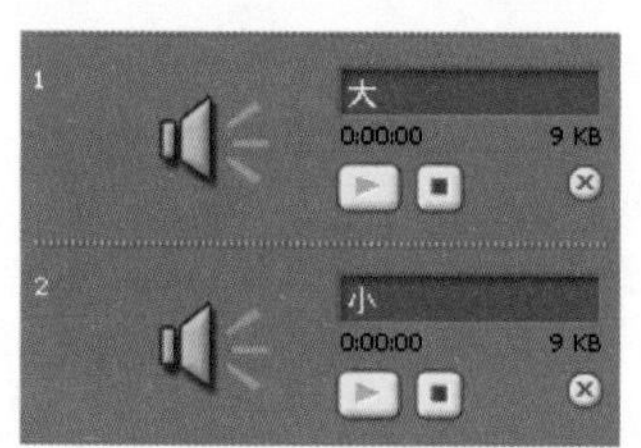

图 2.40　准备两段音量不同的声音

明确了设计思路，程序的搭建就比较简单了。在发送端的 Scratch 中，首先录制两段声音样本，分别代表音量值大的声音和音量值小的声音，如图 2.40 所示。

这两段声音可以使用麦克风录制，也可以使用 Gold Wave 软件生成。如图 2.41 所示，新建一个持续 0.2s 的声音，然后用工具菜单中的表达式计算器功能，可以生成一段声音，并且保证这段声音的音量值始终保持稳定。

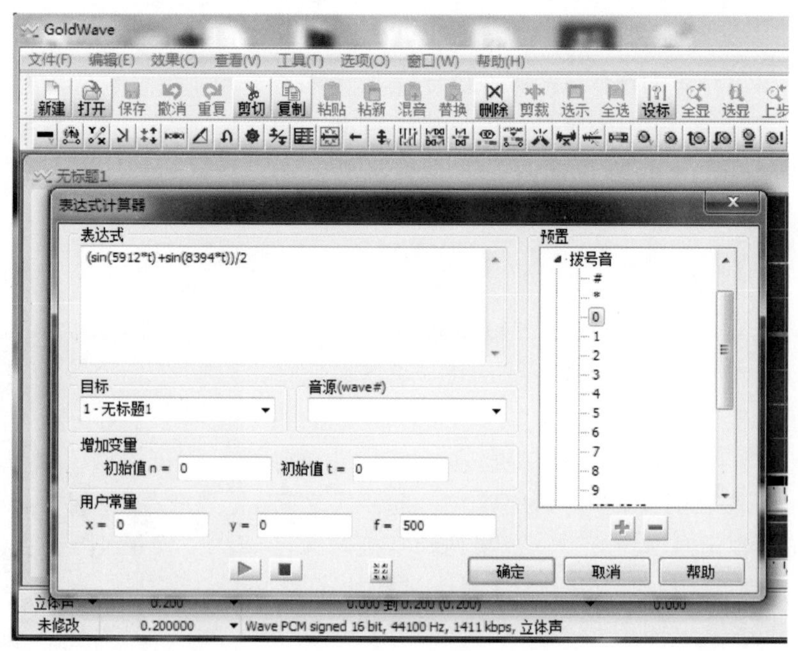

图 2.41　用 Gold Wave 生成一段声音

之后在角色中加入图 2.42 所示的程序。

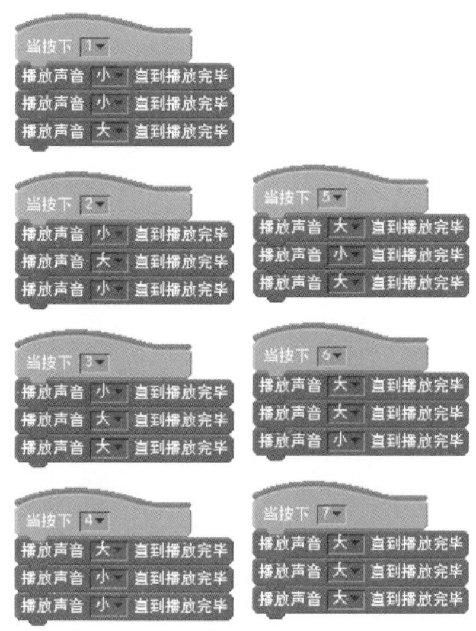

图 2.42　对 1～7 进行二进制编码

对于接收程序则稍复杂一些。首先接收端应该一直处于准备好接收信号的状态，当收到声音时，应该连续判断接下来的 3 个声音的音量大小，根据二进制的数据转换为十进制的输出，之后回到等待的状态。图 2.43 提供了示例程序。

```
当 被点击
删除链表 数字 的第 全部 项
将变量 m 的值设定为
重复执行
    直到 音量值 > 0 前都等待着
    如果 音量值 > 阈值
        将变量 m 的值设定为 1
    否则
        将变量 m 的值设定为 0
    直到 音量值 = 0 前都等待着
    直到 音量值 > 0 前都等待着
    如果 音量值 > 阈值
        将变量 m 的值设定为 将 m 加入到 1 的后面
    否则
        将变量 m 的值设定为 将 m 加入到 0 的后面
    直到 音量值 = 0 前都等待着
    直到 音量值 > 0 前都等待着
    如果 音量值 > 阈值
        将变量 m 的值设定为 将 m 加入到 1 的后面
    否则
        将变量 m 的值设定为 将 m 加入到 0 的后面
    直到 音量值 = 0 前都等待着
    广播 判断

当接收到 判断
如果 m = 001
    将 1 加入链表 数字
如果 m = 010
    将 2 加入链表 数字
如果 m = 011
    将 3 加入链表 数字
如果 m = 100
    将 4 加入链表 数字
如果 m = 101
    将 5 加入链表 数字
如果 m = 110
    将 6 加入链表 数字
如果 m = 111
    将 7 加入链表 数字
```

图 2.43　接收端程序

可以看到，程序使用了一系列的"直到…前等待着"来实现连续监测 3 个声音信号。注意，在判断音量高低时使用了"阈值"变量。这是一个增强程序适应性的方法，一般来说第一次测试设定一个阈值就不需再变化了，但是如果遇到音量变化很大的情况，程序不能正常工作，则可以调整这个阈值，保证程序的正确性。最后，将链表、阈值等变量的窗口加入到舞台中，以便随时看到结果。至此程序搭建完成，如图 2.44 所示。

图 2.44 程序的执行效果

2.9.3 实际应用

程序搭建完成后可以进行测试。读者可以把自己计算机的耳机与麦克风用连接线接在一起，以便在一台计算机上测试，也可以直接连接两台计算机，在两台计算机上都运行 Scratch 程序以进行测试。按下 1～7 键，可以看到接收端的识别结果。如果程序运行不正常，请检查连接线是否接触不良、计算机音量是否设为静音以及调节阈值来进行调整。至此已经体验到了双机通信。对于真正的计算机网络其设计要复杂得多，但是核心的思想却是一致的。

2.9.4 评价反思

在这一节中利用简单的麦克风输入体验到了双机通信的乐趣。通过这次实验对数字通信技术有了初步的了解，在 Scratch 程序方面也充分锻炼了程序设计能力。掌握了这一技术之后，读者便可以做更多的探索。例如，读者可以尝试，真的不能使用超过两种音量值吗？读者可以试着设计程序，并思考为什么在实际技术中使用的都是二值数据的传输。读者还可以对于更多的问题加以思考，收获也将更大。

这一节的信号传输利用的是用音量值大小表示数字信号，如果使用声音信号的持续时间来表示信息，则成为电报的设计思路。请首先搜索关于电报与莫尔斯电码的资料，然后设计实现一个简易的电报收发机。采用的操作方式最直观的就是使用键盘，至于字母的表示则应遵循莫尔斯电码的规范，为了简便，可以不用实现所有字母的识别。

另外，在双机通信的过程中，播放声音的计算机同时也可以接收声音，这样，两台计算机就能"对话"了。

2.10　改造麦克风——计数器的实现

在本节的学习中，将麦克风制作成一个简单的计数器。

2.10.1　实现原理

首先来回顾一下麦克风的外观。一个用于计算机或手机的外接麦克风大致分为 3 个部分，第一部分是一根线，第二和第三部分分别是位于线两端的一根直径为 3.5mm 的金属插头和另一端的麦克风主体。在麦克风的主体中，可以将麦克风主体感受到的振动转化为电信号，再将电信号通过导线传送到位于导线另一端的金属插头处，金属插头与终端设备(即计算机、手机等设备)相连接，将电信号传送给这些终端设备。

仔细观察就可以发现，导线和金属插头只起到了传输电信号的作用，如果将电信号直接从原来位于麦克风的一端输入导线中，终端设备是否也可以将输入导线的电信号当作音频信号接收呢？答案是肯定的，这也就是将麦克风改造为计数器的技术原理。

2.10.2　硬件改造

那么，就让我们开始制作硬件部分吧！首先，找到一个没有用的麦克风(注意：为了让计算机可以检测到麦克风的线，请选择接口直径为 3.5mm 的麦克风)，将麦克风主体从导线上剪下来，小心剥开导线外皮，这时可以看到里面还有 3 根导线，找出两根不是黑色的导线，分别将它们的绝缘皮剥去并且不要让两根导线短路。好了，改造工作到这里就大体上完成了。最后，再将改造好的音频线连接到计算机上，在“录音设备”设置中将位于列表最下方的麦克风设置为默认值即可，如图 2.45 所示。

图 2.45　麦克风设置

2.10.3 程序编写

程序部分非常简单，只需要在一个循环中反复检测声音值是否大于70即可，如果大于70，将计数变量加1。因为音频输入端口所能读出的值是一个代表着变化程度的值，所以当你将两根线碰撞在一起再分开的过程，实际上是声音值产生了两个大于70的点，分别是两根线碰在一起的一瞬间和两根线分开的一瞬间，所以应该在检测到音量值大于70后，直到它再一次大于70后再继续检测。程序如图2.46所示。

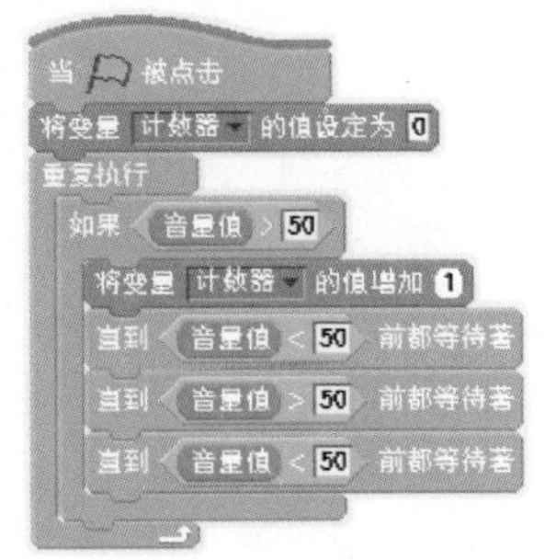

图2.46 麦克风计数

2.10.4 改进提高

用过了上面制作的计数器后，读者可能会觉得很麻烦，还要用手连接和断开导线，那么接下来，尝试可以用光敏电阻来解决这个问题。

可以通过将音频线内延伸出来的两根线连接上一个光敏电阻，如图2.47所示，使用光的变化来控制导线内的电流变化，可以将光敏电阻放在一个光源下，通过用手挥过光敏电阻来计数。

在这里，程序部分仅需将对于第二次高峰的检测代码删除，并增加一个0.3s的延时用于防止误差发生即可。修改后的程序如图2.48所示。

图2.47 改造后的硬件

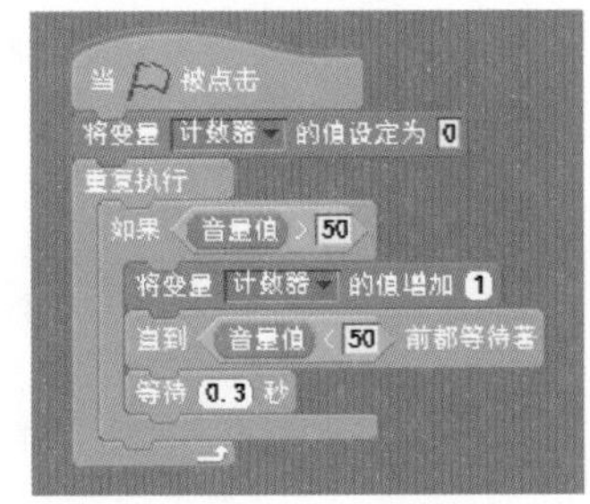

图2.48 修改后的程序

如果把这个光敏电阻放在一个显示屏上，用程序控制现实屏的亮和暗，就能够将信息从一台计算机发送到另一台计算机，实现另一种形式的双机通信。

2.11 用摄像头制作逐帧动画

摄像头(Camera)又称为电脑相机、电脑眼等，是一种视频输入设备，被广泛地运用于视频会议、远程医疗及实时监控等方面。普通的人也可以彼此通过摄像头在网络上进行有影像、有声音的交谈和沟通。另外，人们还可以将其用于当前各种流行的数码影像、影音处理等。接下来就用摄像头作为传感器研究一系列的科学问题。

摄像头是近几年来逐渐流行起来的设备之一，现在经常会通过 QQ 等即时通信软件进行视频聊天，而在这个过程中摄像头就是必不可少的。在这节中，我们会直接使用 Windows XP 系统查看摄像头的功能，并通过软件截图、导入 Scracth，并使用 Scratch 语言编程组成一个简单的颜色分辨处理的过程。

2.11.1　硬件准备

作为本章的第一个项目，需要准备一个 USB 摄像头，如图 2.49 所示。建议使用单独的 USB 摄像头而不要用笔记本上方自带的摄像头，这样在后面拍摄截图时更方便调整拍摄角度，以便获得更好的实验效果。

图 2.49　USB 摄像头

2.11.2　获取图像

如图 2.50 所示，打开 Scratch 的一个角色的造型选项卡，单击上面的“照相”按钮，就会弹出摄像头预览窗口，单击“照相”按钮就可以将当前摄像头的图像拍摄为角色的一个新造型。使用摄像头可以很方便地将周围朋友的照片放在自己的 Scratch 作品中。

图 2.50　用摄像头拍摄照片

2.11.3　用摄像头拍摄逐帧动画

在摄像头预览状态下，按下空格键，程序会自动获取一个新造型，这样可以很方便地制作逐帧动画。图 2.51 所示用摄像头做了两个拇指小人的动画片，共计使用了 80 个造型。

这 80 个造型，可以使用造型控制代码将其转化为自动播放的动画，如图 2.52 所示。逐帧动画的播放速度可以通过调整等待时间来调节。

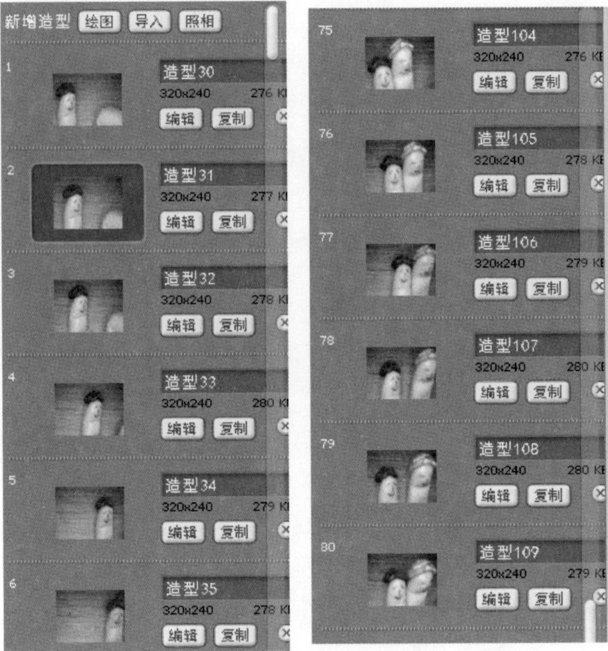

图 2.51　用摄像头获取逐帧动画的造型

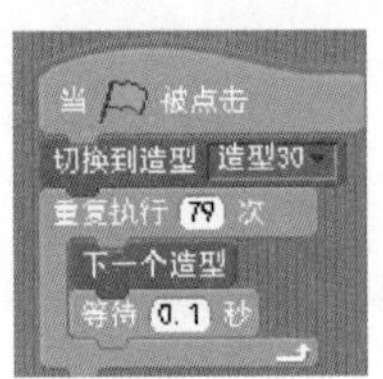

图 2.52　播放逐帧动画

2.11.4　摄像头连续拍照的间隔时间研究

既然按下空格键可以拍一张照片，那么如果按住空格键不放，是不是就能连续获取一组照片了呢？如果这些照片是等时间间隔的就更好了。基于上面的想法，我们用摄像头拍摄了 Scratch 的计时器，如图 2.53 所示，使用链表记录时间并且让计时器说出链表的最后一项，可以使得显示的时间精确到小数点后 3 位。之后，把摄像头拍到的每张图片上的时间录入到一个链表中，通过分析发现在超速模式下，每张图片的时间间隔为 0.075s ±0.066s，相对误差为 8%，近似可以看成是等间隔 0.075s 拍摄一张图片。

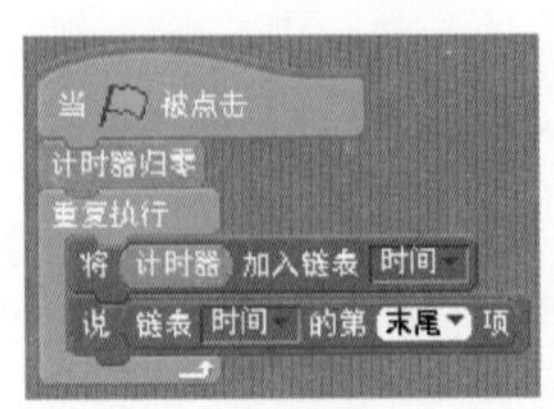

图 2.53　制作显示更多位数的秒表用于研究摄像头连续获取图像的时间间隔

我们会发现，按住空格键不放时，程序响应空格的时间间隔可以通过控制面板中的键盘属性调节。如图 2.54 所示，调整重复速度选项，减慢这个速度会使得连续按下空格键的响应时间变慢，用这种方法可以获得更长的连续空格间隔。

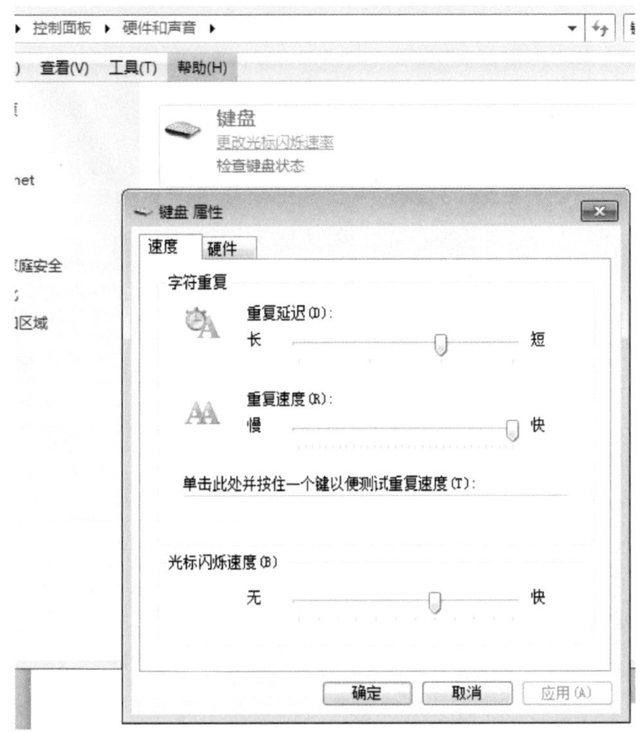

图 2.54　调整重复速度使得连续按下空格键的时间间隔改变

将重复速度调整到最慢之后，会发现间隔 0.5s 记录一次空格键按下，并且相对误差下降为 4%，这样如果能够用一个重物压住空格键不放，就可以完成一个录像系统。联想到之前介绍的报警器案例，如果把鼠标左键并联一个开关作为报警的触发装置，而鼠标指针的位置又在照相键的上方，将摄像头拍摄的内容调整为需要保护的门或窗，就可以在报警的同时拍摄一张照片，确认是什么原因导致了报警。

2.12　使用摄像头研究单摆的运动

了解了摄像头连续照相的时间间隔，就掌握了一种同时记录物体位置和时间的方法，本案例就用最简单的单摆运动来讲解如何用摄像头研究物体的运动规律。

2.12.1　实验装置

单摆就是在一个长线的下端悬挂一个小球的装置。其制作方法很简单，最简单的方法是用橡皮泥将棉线的一端包起来，然后把橡皮泥捏成小球，再将另一端在铅笔笔尖处打一个结，把铅笔延伸出桌面的一部分固定好，这样最简单的单摆就做好了。将摄像头安装

在摆球的对面，调整好位置，使得摆球恰好在视野的中央，可以在摆球的下方放置一把尺子用于标记摆球的实际位置。实验装置如图 2.55 所示。

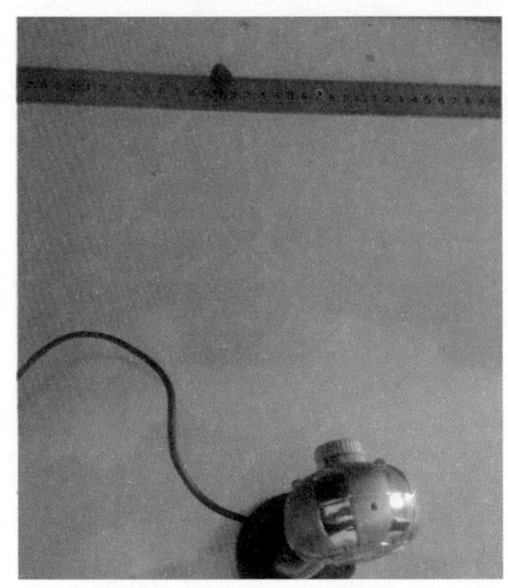

图 2.55　USB 摄像头研究单摆运动的实验装置

2.12.2　获取单摆的运动图像

摆长越长，单摆摆动一次所用的时间就越长，因此将摆长设定为 1.35m，用连续按空格键的方法获取摆动的照片。为了使得摆动时间间隔更加准确，需要事先将角色隐藏。如图 2.56 所示，获得了一组单摆摆动的图片，图片之间的时间间隔为 0.075s。

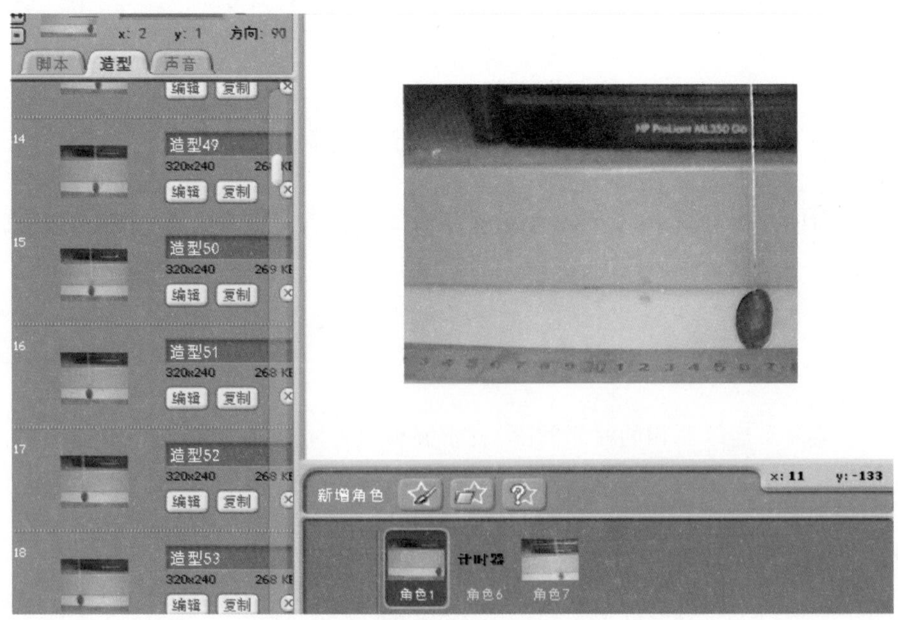

图 2.56　用摄像头获取等时间间隔的单摆运动图像序列

通过下方的刻度尺可以知道在每个时刻摆球的位置，进而找到单摆运动位置—时间关系。此外，也可以用鼠标 x 坐标和尺子刻度之间的对应关系更方便地读取摆球的位置。

2.12.3　用图章技巧生成位置—时间图像

在拍摄摆球的时候，如果将镜头下移，就可以让摆球始终位于镜头的下缘，如图 2.57 所示。

图 2.57　调整摄像头让摆球始终位于镜头下缘

接下来使用图 2.58 所示的代码，可以将位于下缘的图片拼合成一张完整的单摆运动的位置—时间关系图像。

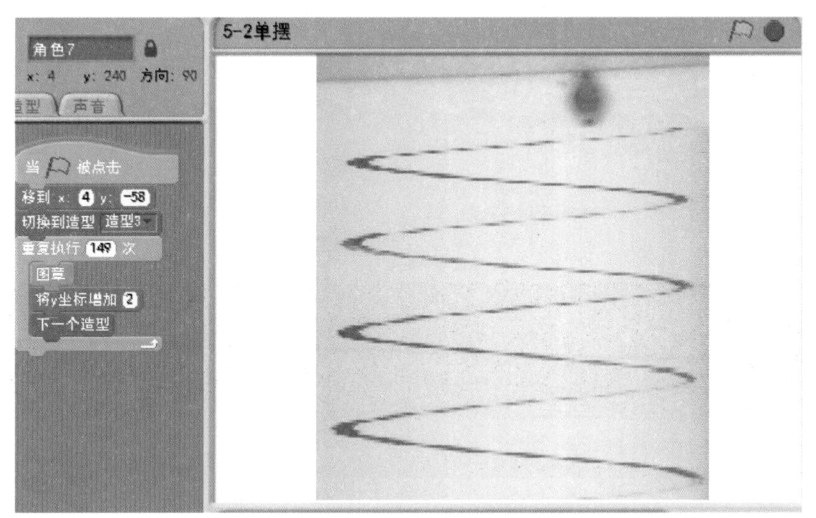

图 2.58　单摆的位置—时间关系图像

通过对图像的分析，可以明显地看出单摆是往复运动的，并且在两端运动速度慢，在中间运动速度快，位置—时间图像是呈波浪状的。

接下来大家可以研究单摆摆动一次的时间是多少，摆长对单摆摆动一次的时间有什

么影响，相信会有收获的。

2.13 用视频分析法研究人的步行姿态

用连续按空格键的方法获取图像的时间间隔是 0.075s，1s 钟只能获取十几张图片，而使用录像机或者手机的照相功能可以很容易地获得每秒 30 帧的录像，也就是说，每秒可以研究 30 幅图片，这样就可以分析更为精细的运动了，本节就用视频分析法来研究人的行走步态，人行走过程中关节的各种数据将会对设计人形机器人起到辅助作用。

如图 2.59 所示，拍摄一段人从侧面走动的录像，在手肘、手腕、膝盖、脚踝 4 个位置粘贴一段反光的锡箔纸作为标记点。

图 2.59　将人走动的步态从视频中整理成为逐帧图片

使用暴风影音播放该视频，按下 Ctrl+F5 组合键保存当前帧为图片，接下来按下右移键到下一帧，再截图，反复操作。这样就得到了人在走动过程中的一系列图像，如图 2.60 所示。

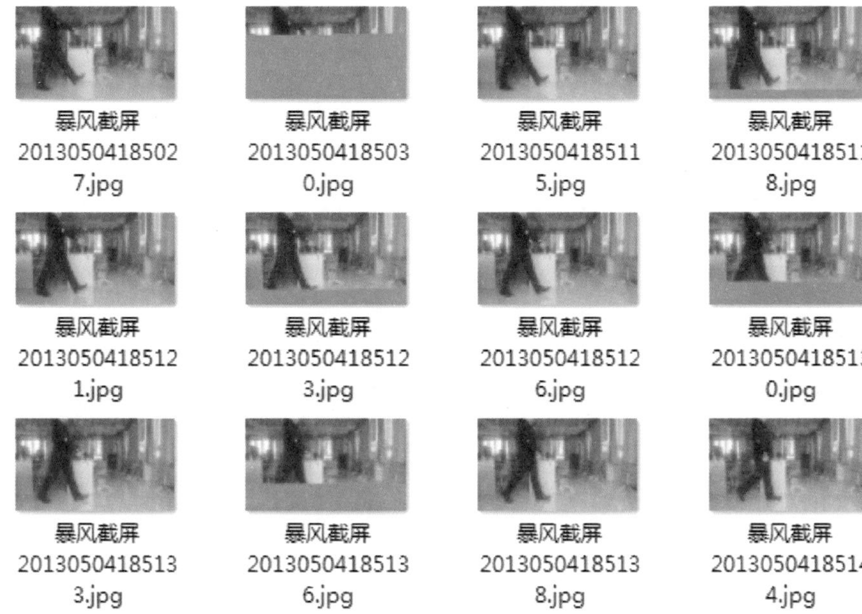

图 2.60　逐帧图片

将文件夹的图片全选之后，拖动到角色 1 里面，Scratch 会将这些图片按照文件名称，批量地导入到角色的造型中，而不需要一个一个地导入。接下来试图分析角色中每个标记点的坐标，用以下一步的研究。单击图片之前，将鼠标指针放在标记点的位置，当单击图片之后鼠标的位置会记录在对应的链表中，之后换下一帧图片。往复操作，完成第一个标记点的数据记录，随后将存储链表改为 $2x$ 和 $2y$，记录第二个标记点的坐标，如图 2.61 所示。

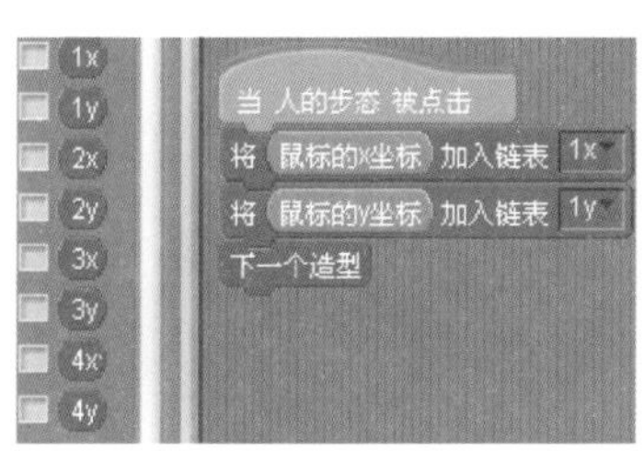

图 2.61　用鼠标记录每个标记点的坐标

如图 2.62 所示，按下空格键播放人行走的步态的过程中，使用广播指令，让 4 个红点图章显示每个记录点的移动过程，可以看出每个标记点在移动过程中的轨迹。

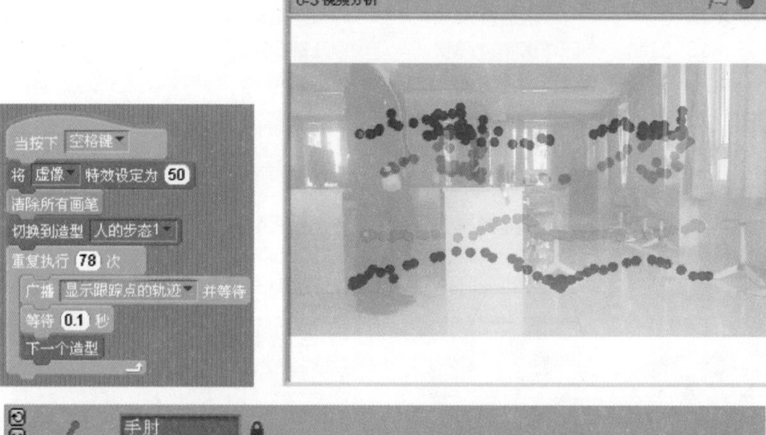

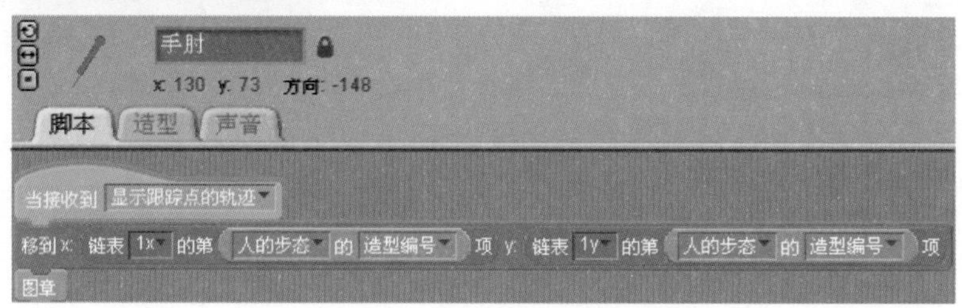

图 2.62　显示每个标记点的轨迹

这 4 个标记点的移动表示的是关节的移动过程，如果在关节移动的过程中加上“骨骼”，我们的研究将会更有趣，因此修改每个造型，在关键的位置上绘制出骨骼，显示出骨骼移动的过程，如图 2.63 所示。

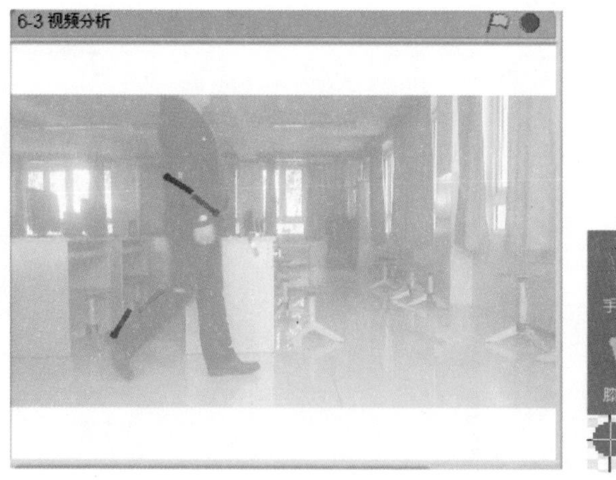

图 2.63　显示人的移动步态

如图 2.64 所示，角色“膝盖”方向始终对准脚踝，角色“脚踝”的方向同时对准膝盖，这样就完成了小腿移动过程中关节和骨骼过程的记录。

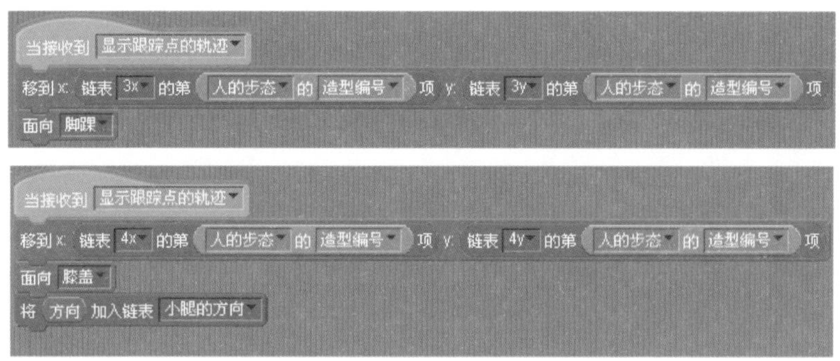

图 2.64　膝盖和脚踝的源代码

图 2.64 所示的代码，将这个过程绘制在 Excel 表格中，如图 2.65 所示。

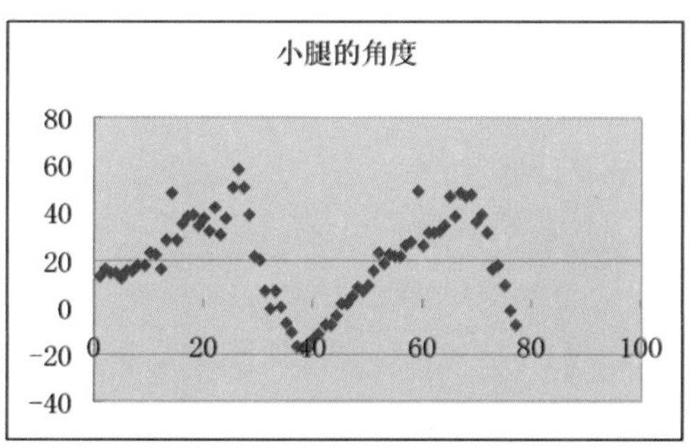

图 2.65　小腿角度的变化

可以看到，小腿的角度变化范围是 −20°～60°，而且有稳定的规律可循，大家可以用类似的方法分析走动过程中前臂角度的变化，另外还可以增加更多的标记点，最终可以完全用类似火柴棍一样的一系列角色，完全将人走动过程中的步态模拟出来。这个过程中的数据，会对机器人的设计大有帮助。

2.14　用图像识别的方法分析运动轨迹

用上面介绍过的视频分析法可以分析篮球的抛出、从滑梯上滑下的小孩子的运动过程，接下来用另一种方法来研究游戏中的规律。大家都玩过“愤怒的小鸟”，那么小鸟的运动轨迹是怎样的呢？读者会说是抛物线，但是在小鸟的不同角度“飞出”的过程又有怎样的规律呢？

大家可以通过搜索引擎找到一个“愤怒的小鸟”的 Flash 游戏，首先用缩放工具缩放到完整模式，让小鸟能够在全局视图中完成飞跃动作，如图 2.66 所示。

使用 Mr. Captor 软件可以间隔一定时间截取一张小鸟运动的图片，如图 2.67 所示，首先要设置时间间隔为 10，意味着截取图片的时间间隔是 0.01s×10＝0.1s，并且设置好存放截图的文件目录。

在 Mr. Captor 中使用截图工具将小鸟运动的范围截取到一张图片中，然后使用捕捉

图 2.66　找到愤怒的小鸟游戏并切换到全局模式

图 2.67　用 Mr. Captor 软件每隔 0.1s 截取一张运动图片

菜单中的定时捕捉功能，截取一系列小鸟运动的图片，如图 2.68 所示。

将这些图片导入到 Scratch 的造型中，使用图 2.69 所示的代码，将小鸟的运动过程在 Scratch 中播放出来。注意，应该使用超速模式。

接下来，需要找到小鸟的位置，方法是颜色识别，首先绘制一条宽度为 1 像素、长度为 480 像素的黑色水平直线，让其从屏幕的最上方以 1 像素/s 的速度下移，直到碰到小鸟的红色身体之后停止移动，这样黑线最终会停在小鸟纵坐标所在的位置，如图 2.70 所示的代码。

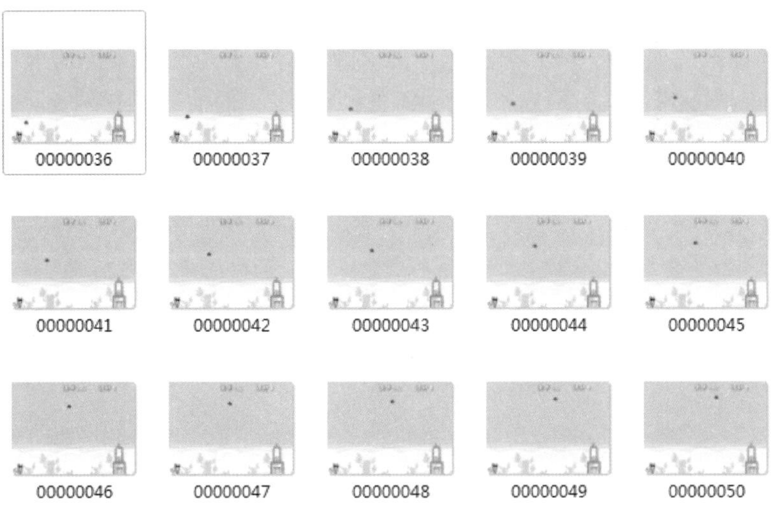

图 2.68　小鸟运动的频闪图片

图 2.69　将小鸟的动作频闪图片制作成为动画

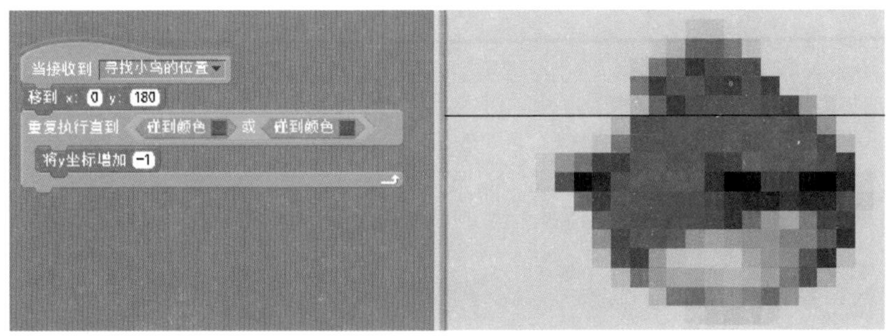

图 2.70　寻找小鸟的纵坐标

图 2.70 中用放大的方式描绘出了小鸟的各种颜色细节，可以看出小鸟总体上是红色，但是不同部位的红色却略有差别，因此有必要选择两种红色作为识别小鸟的依据。

然后复制横线，将横线旋转 90°之后水平移动，用类似的代码找到小鸟的横坐标，并将小鸟的横、纵坐标存储在链表中，如图 2.71 所示。

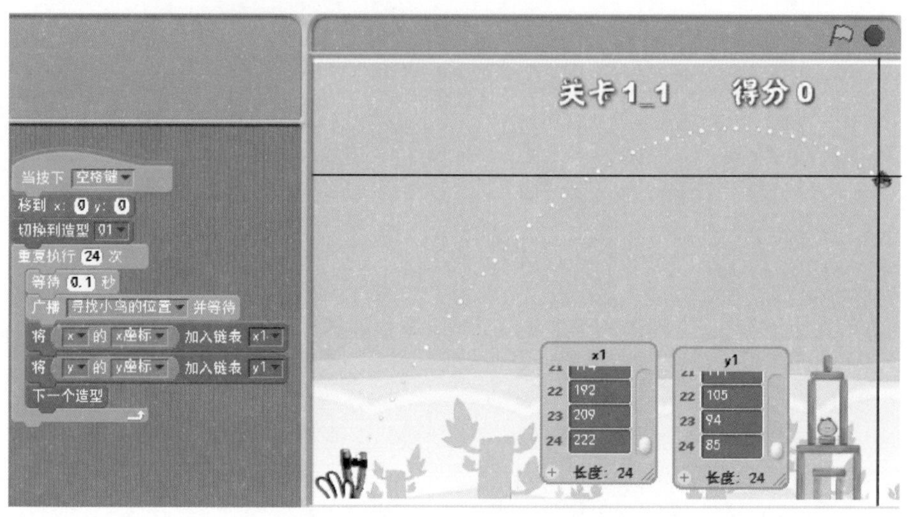

图 2.71　用颜色识别找到小鸟的位置

接下来可以用 Excel 软件拟合小鸟的轨迹，如图 2.72 所示，选择 x_1 和 y_1 绘制散点图。

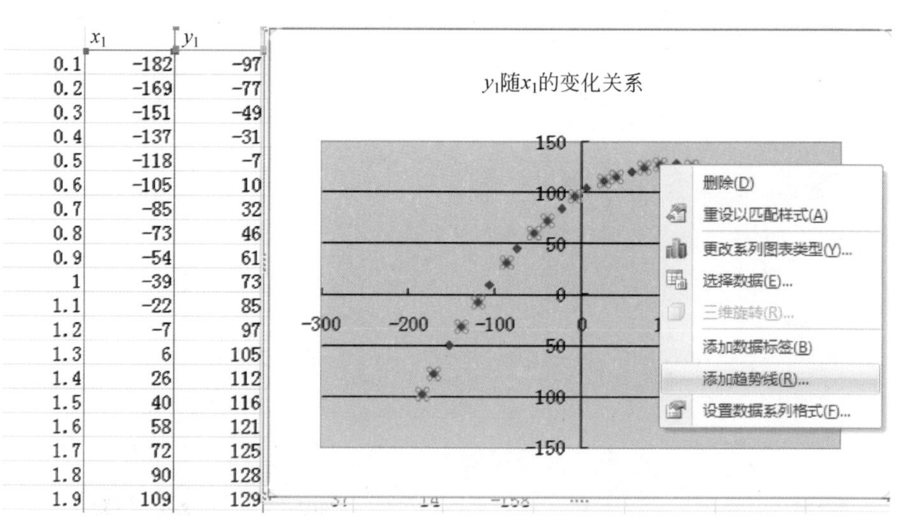

	x_1	y_1
0.1	-182	-97
0.2	-169	-77
0.3	-151	-49
0.4	-137	-31
0.5	-118	-7
0.6	-105	10
0.7	-85	32
0.8	-73	46
0.9	-54	61
1	-39	73
1.1	-22	85
1.2	-7	97
1.3	6	105
1.4	26	112
1.5	40	116
1.6	58	121
1.7	72	125
1.8	90	128
1.9	109	129

图 2.72　绘制 x_1 和 y_1 的散点图

使用添加趋势线功能，并选择二次多项式，勾选“显示公式”和“显示 R 平方值”复选框，可以看到图 2.73 左图所示的二次多项式，这说明小鸟的运动轨迹确实是一条抛物线。

将 Excel 生成的小鸟运动的二次多项式用图 2.74 所示的工具绘制出来，使用角色“标记”绘制一条抛物线，会发现和小鸟的运动轨迹一致。

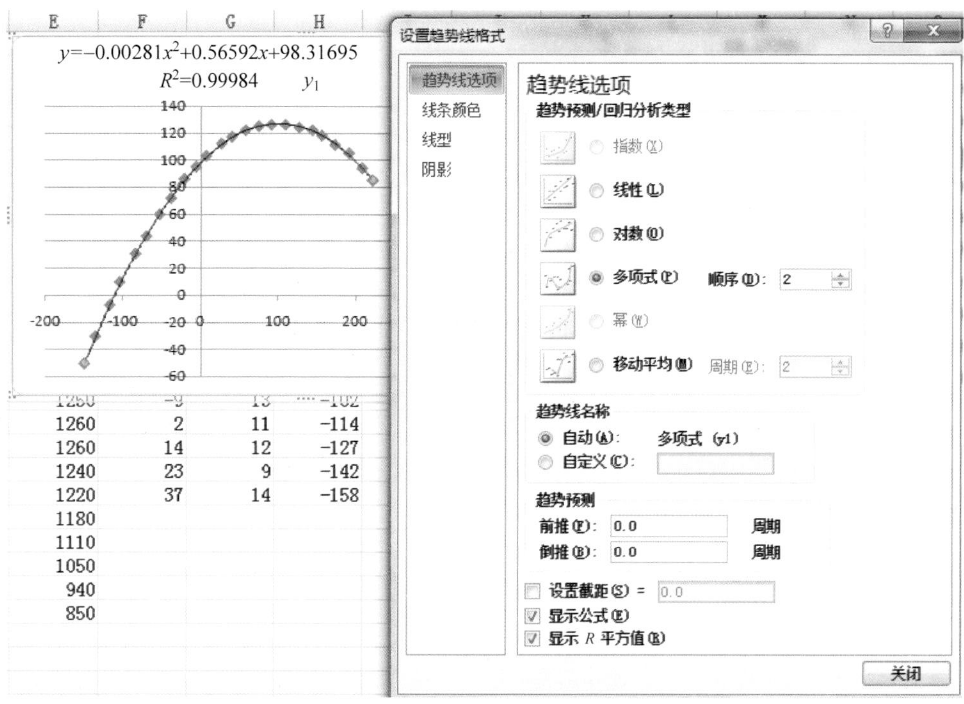

图 2.73　用 Excel 拟合的小鸟的运动轨迹

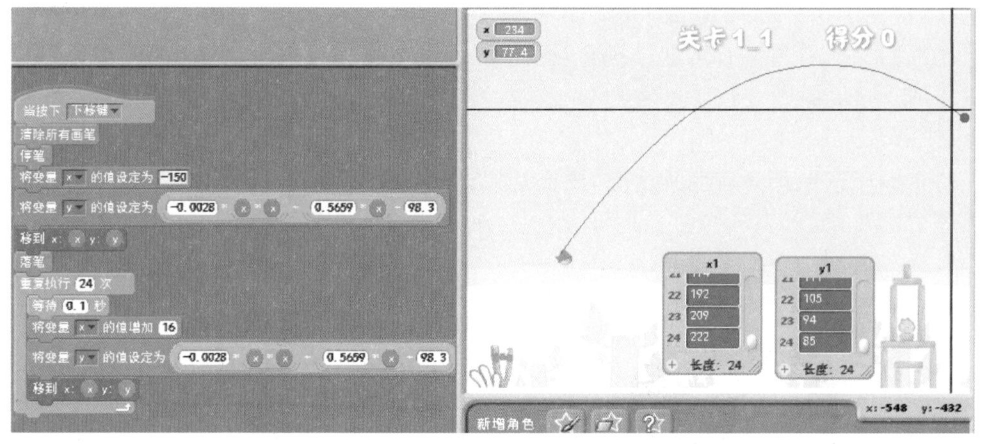

图 2.74　用函数的方法绘制出小鸟的运动轨迹

这样，就通过对小鸟的数据分析，得出了小鸟的运动规律是一个二次多项式，并且使用图 2.74 所示的代码和图 2.69 所示的代码同时播放，将小鸟图片的透明度设定为 50%，这样就可以看到小鸟和角色“标记”同时飞翔的场景了。

此外，还可以通过数据进一步分析小鸟的初始速度的大小和方向、水平速度和垂直速度的变化以及水平位置和竖直位置随时间的变化规律。

2.15 用颜色识别的方法识别数字

在日常生活中，常常可以看到马路上有各种各样查违章的摄像头，它们的主要功能就是把违章汽车的车牌号记录下来，这个过程就是用计算机自动地将图片转化为文字的过程。简单地说，就像图 2.75 所示的 Scratch 语言中的数字 0～9 的图片，如何把它们转化为数字呢？这样就需要识别它们的不同特征。

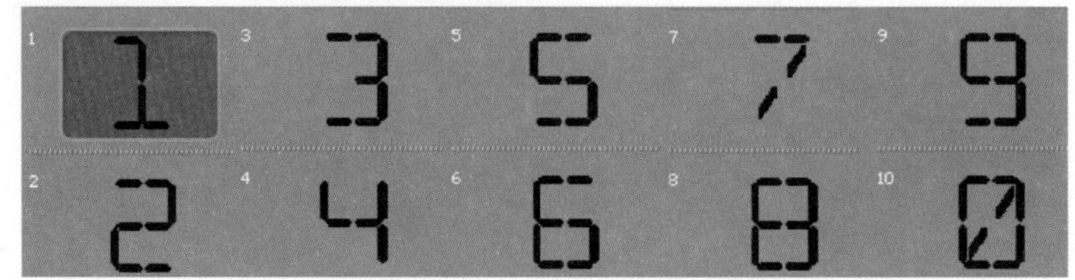

图 2.75 各种需要识别的数字图片

2.15.1 获取数字图像的并集

在 Scratch 语言中，这些标准的数字可以在造型中的 Letters 下的 digital 文件夹中打开，我们将这 10 个数字放在同一个角色中，然后执行图 2.76 所示的代码，就得到了一个所有数字的并集。

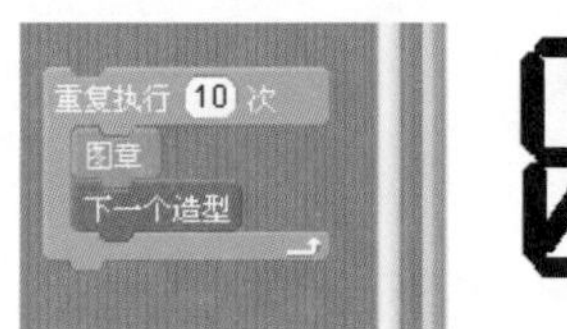

图 2.76 获取数字图像的并集

这里面的所有边都有可能被黑色覆盖，给每一条边一个唯一的编号，将这区域边编码，如图 2.77 所示。

每个编码区域都只有两种情况，要么是黑色要么是白色。如果用 0 表示白色，用 1 表示黑色，数字 4 可以表示为图 2.78 所示的一种数字组合，即编号 3、6、7、8、12 为 1，其余的位数为 0。

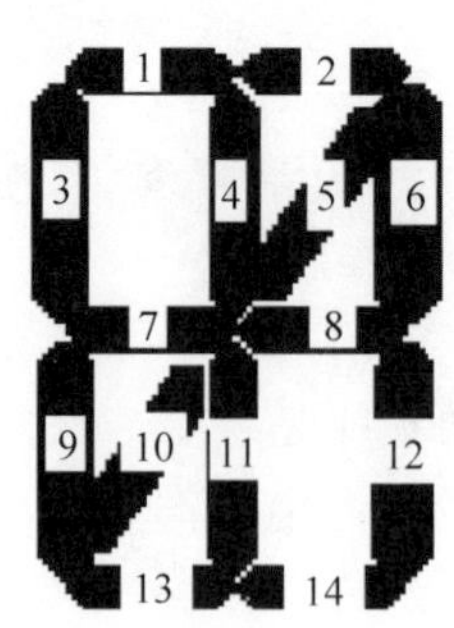

图 2.77 编号后的数字区域

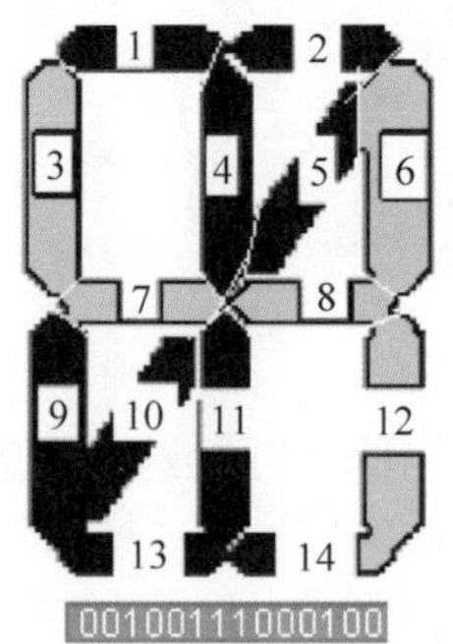

图 2.78 数字 4 的二进制编码结果

这样，可以给 0～9 这 10 个数字确定唯一的 14 位的二进制数与其对应，事实上，如果时间允许，还可以将字母 A～Z 也用这种方法标记。

2.15.2　获取颜色识别的算法

图 2.79　用模板识别每个编码区域的值

在 Scratch 语言中，可以通过【颜色■碰到了颜色■？】指令来确定每个标记区域的二进制数值，如图 2.79 所示。新建一个角色“模板”，让模板覆盖在数字上，模板上每个数字区域用一个唯一的颜色将每个编码的区域对应起来。

建立一个变量 m 用来存储当前数字的二进制编码结果。如图 2.80 所示，角色“数字”出现一个随机的数字图像之后，识别每个区域之后的二进制数字，识别完成后加入到二进制数 m 的末尾，完成了 14 个识别区域的识别之后，m 应该是一个 14 位的二进制数。

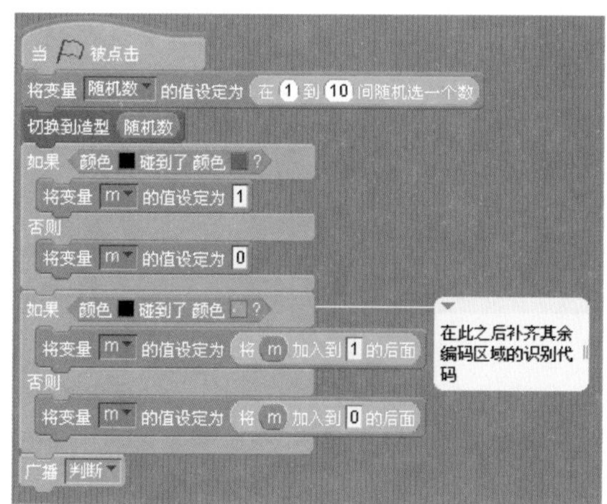

图 2.80　识别 14 位的二进制数

2.15.3　将图片识别为数字

之后可以使用图 2.81 所示的代码将识别的结果输出，至此就完成了数字转字符的识别工作。

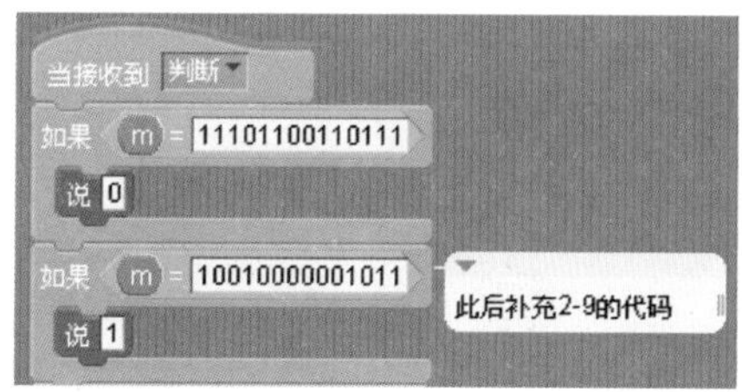

图 2.81　输出识别结果

接下来可以试一试一组数字的识别效果，如图 2.82 所示。另外，还可以将颜色识别的代码放在角色“模板”中，以提高程序的通用性。但是要注意将【颜色■碰到了颜色■？】替

换为 〈颜色 碰到了颜色 ?〉。另外，像图 2.82 所示的这种车牌号，就需要更加复杂的技术才能识别了，不过原理类似。请大家认真思考怎么解决这个问题，恐怕先要把彩色图片转换成黑白图片才行。

71647

图 2.82　需要识别的真实车牌号码

2.16　在 Scratch 2.0 下用摄像头制作体感游戏

之前已经可以用摄像头获取角色的多个造型，并且识别造型中某个位置的颜色，但是这些造型都是静态的，在 Scratch 1.4 中不支持动态地导出摄像头的数据，但是在 2013 年 5 月份发布的 Scratch 2.0 中推出了摄像头的动态识别功能，这使得可以通过 Scratch 编程来制作一些类似于 Wii 或者 Kinect 这种体感游戏的效果，就像图 2.83 所示，一位同学通过摄像头玩体感游戏，他通过大屏幕观察自己的动作，摄像头会动态地获取人的动作，并且将左面随机生成的动态的圆圈打灭，这种游戏原本都是比较复杂的，但是在 Scratch 2.0 中可以用简单的代码实现。

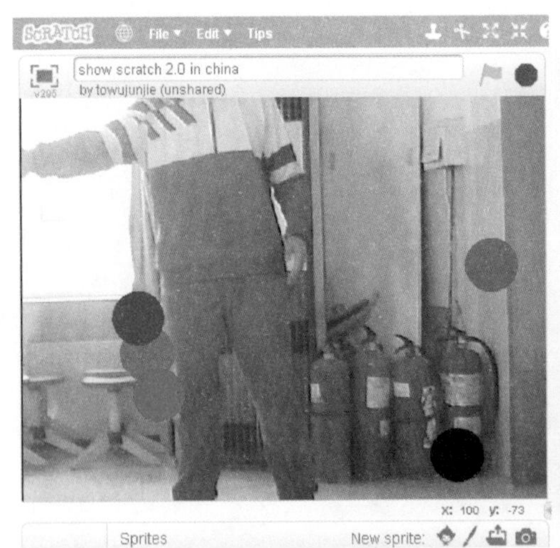

图 2.83　用 Scratch 2.0 制作体感游戏

2.16.1　摄像头部分的核心代码

在 Scratch 2.0 中有如表 2.1 所示的视频类代码，为了方便阅读将这些代码，下面做简单的解释。

表 2.1　Scratch 2.0 的视频类代码

视频模块	意义
turn video on ／ 将摄像头 开启	打开摄像头
turn video off ／ 将摄像头 关闭	关闭摄像头
turn video on-flipped ／ 将摄像头 镜像	摄像头左右翻转
video motion on Stage ／ video 动作 on 舞台	在舞台背景上的动作幅度，范围是 0～100
video motion on this sprite ／ video 动作 on 该角色	在当前角色上的动作幅度，范围是 0～100
video direction on Stage ／ video 方向 on 舞台	在舞台背景上的动作方向，范围是 −180～180
video direction on this sprite ／ video 方向 on 该角色	在当前角色上的动作方向，范围是 −180～180
set video transparency to 25 % ／ 将视频透明度设置为 0 %	当前摄像头的透明度，0 为完全不透明，100 为完全透明

接下来通过一个最简单的体感游戏的编写过程，来简单地说明这些功能的使用方法。

2.16.2　我的第一个摄像头体感游戏

下面就来做一个最简单的体感小游戏。在图 2.84 中，摄像头拍摄的画面作为背景，有一只小猫在舞台上，我们的游戏期望小猫在四处游动的时候，摄像头中你的手碰到了小猫之后就暂时消失。

接下来，编写一个代码让小猫随机地运动起来，如图 2.85 所示。

接下来是小猫碰到手之后隐藏的程序，使用了侦测当前角色上的动作幅度的功能，如图 2.86 所示。

启动摄像头之后就会发现，当小猫上的运动幅度大于 30 的时候隐藏小猫，之后小猫又会重新出现。这个游戏也不一定用手来控制，只要摄像头拍摄到的物体在小猫所在的位置移动了，就可以驱动这个游戏。甚至可以把显示器放在鱼缸面前，用摄像头拍摄金鱼，看看金鱼会不会玩这个游戏。

File
Edit
Tips
Untitled-4
by towujunjie (unshared)
Sprites
New sprite:
Stage
1 backdrop
Sprite1

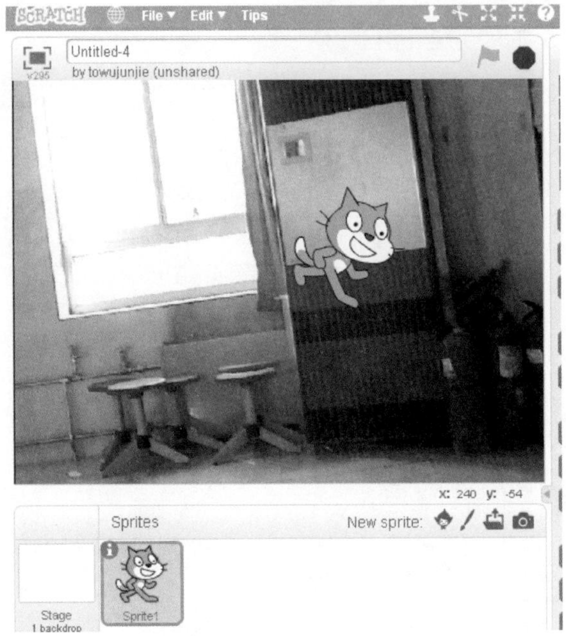

图 2.84　舞台和造型设计

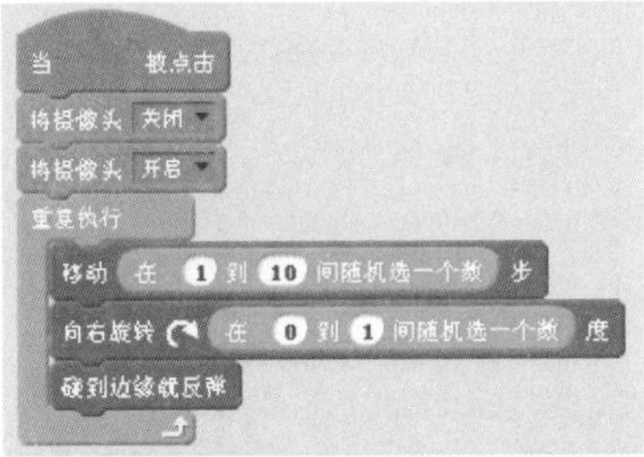

当 被点击
将摄像头 关闭
将摄像头 开启
重复执行
移动 在 1 到 10 间随机选一个数 步
向右旋转 在 0 到 1 间随机选一个数 度
碰到边缘就反弹

图 2.85　让小猫四处游荡

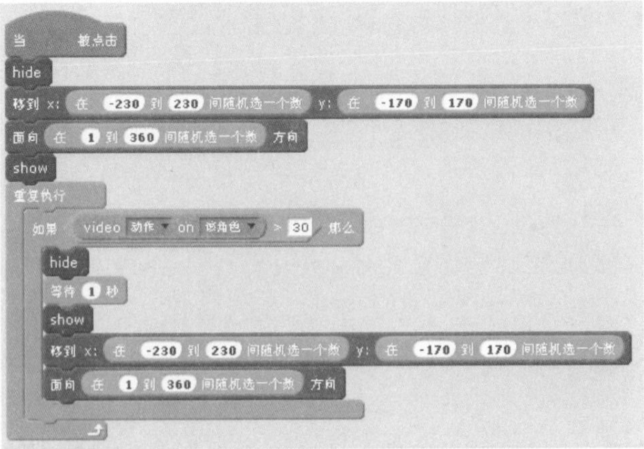

当 被点击
hide
移到 x: 在 -230 到 230 间随机选一个数 y: 在 -170 到 170 间随机选一个数
面向 在 1 到 360 间随机选一个数 方向
show
重复执行
如果 video 动作 on 该角色 > 30 那么
hide
等待 1 秒
show
移到 x: 在 -230 到 230 间随机选一个数 y: 在 -170 到 170 间随机选一个数
面向 在 1 到 360 间随机选一个数 方向

图 2.86　让小猫碰到手之后就自动隐藏

2.16.3　让角色跟着手指动

与摄像头相关的代码还有“视频侦测 方向 在 角色 上”，这个代码会粗略地给出一个当前角色上物体的运动方向。如图 2.87 所示，角色“方向三角形”会随着手指的移动方向运动。

图 2.87　让角色随着手指运动的方向移动

程序的原始代码如图 2.88 所示，这个代码需要调试移动的步数，使得角色“方向三角形”能够跟上手指的运动。

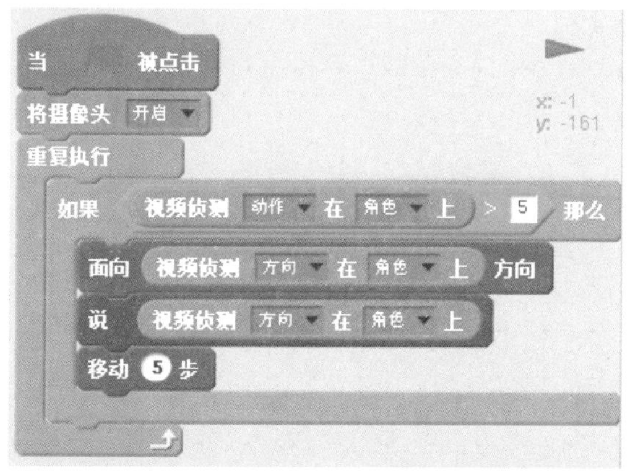

图 2.88　让物体随着手指运动的方向运动

目前 Scratch 的识别运动方向的功能还不太完善，准确程度有待提高。

2.16.4 评价反思

摄像头是非常有研究价值的感测设备，读者可以试着用摄像头做一个键盘来输入字母，也可以用摄像头来做一个识别答题卡上答案的程序，这需要更加复杂的算法，但是很有意思，欢迎大胆尝试。

第3章　Scratch 测控板的原理及应用

3.1　Scratch 测控板的常见类型

Scratch 传感器板是 Scratch 语言拓展的一组硬件，其基本功能如下。Scratch 传感器板的硬件资源包括 1 个光传感器、1 个声音传感器、1 个滑动杆、1 个按钮、4 个自定义传感器(电阻类)接口。其中，按钮是数字输入量，有 0 和 1 两种状态，其他的接口都是模拟量输入接口，输入范围是 0～100。Scratch 传感器板的 4 个自定义传感器接口接受常见的电阻类传感器输入，包括热敏电阻、湿敏电阻、弯曲传感器(电阻型)和光敏电阻等。

因此 Scratch Labplus 测控板对它做了改进，使 Scratch 传感器板变成了 Scratch 测控板，除了感知外界信息外，还可以输出电动机、蜂鸣器、LED 灯等多种控制信号，如图 3.1 所示。

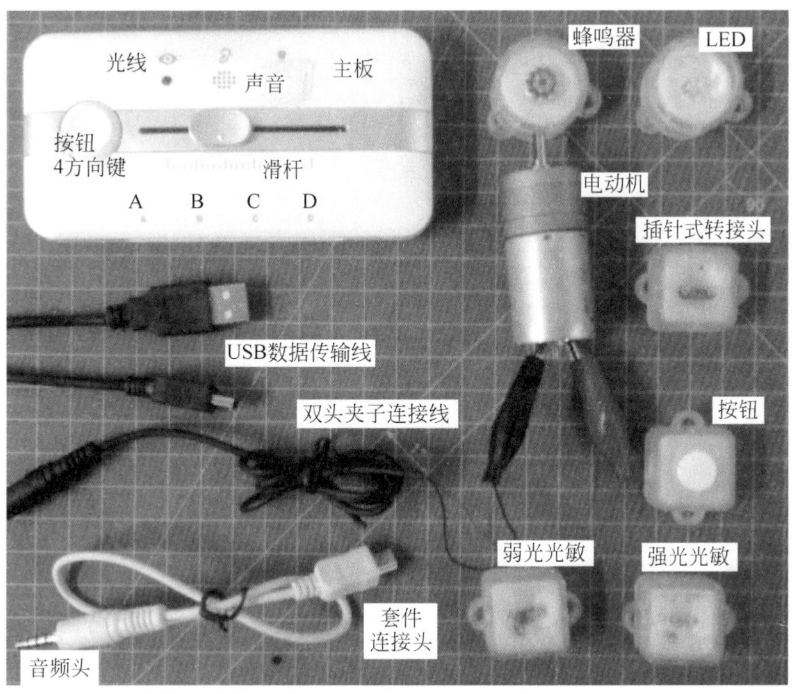

图 3.1　Scratch Labplus 测控板

下面的案例将会用 Labplus Scratch 测控板来完成一系列 Scratch 基础测控传感器的研发，并且使用它的输出功能，完成一些富有创意的案例。

3.2 Scratch 测控板入门——传感器的连接

Scratch 测控板和计算机通过 USB 接口通信，可以感知外界的温度、光强、电学量（如电阻、电压和电流）等物理量。Scratch 测控板的输入量包括数字量（开/关、连接/断开）和模拟量（电阻、温度、光照、湿度、声音、位置）两种，其使用方法与其他侦测量一样。首先需要将 Scratch 测控板和计算机进行连接。

第一次使用 Scratch 测控板硬件时需要安装硬件驱动程序。首先，要安装盛思驱动程序，如图 3.2 所示。单击 Next 按钮，直到出现 Finish 按钮。

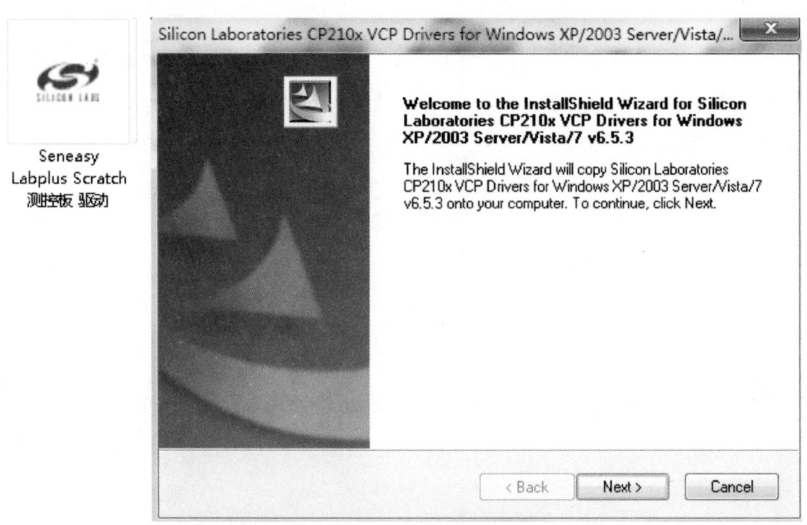

图 3.2 安装驱动程序

接下来，将 USB 线插入计算机的 USB 接口后，向下按 Scratch 测控板上的按钮，直到蓝色的指示灯亮起来。这时，计算机会显示出“找到新硬件”，由于之前已经安装了驱动程序，这时只需单击“自动安装”按钮即可。

利用硬件更新向导进行安装，安装驱动程序成功后，可以在“我的电脑”中右击，在弹出的快捷菜单中，选择“管理”选项，进入“设备管理器”中，在端口（COM 和 LPT）中发现多了一个新设备，在这里要记住设备的端口号，如图 3.3 所示。此处 Scratch 测控板的端口号为 COM21（有些计算机之前没有安装过各种传感器板，其端口号可能是 COM3 或 COM4）。

这样，Scratch 测控板就已经和计算机建立了通信关系。需要注意的一点是，Scratch 测控传感器使用的是一个改进版本的 Scratch，称为 Scratch_Labplus，该版本的 Scratch 是免安装的，解压缩之后就可以使用，如图 3.4 所示。

如图 3.5 所示，打开 Scratch_Labplus 程序，可以看到 Scratch_Labplus 的编程界面

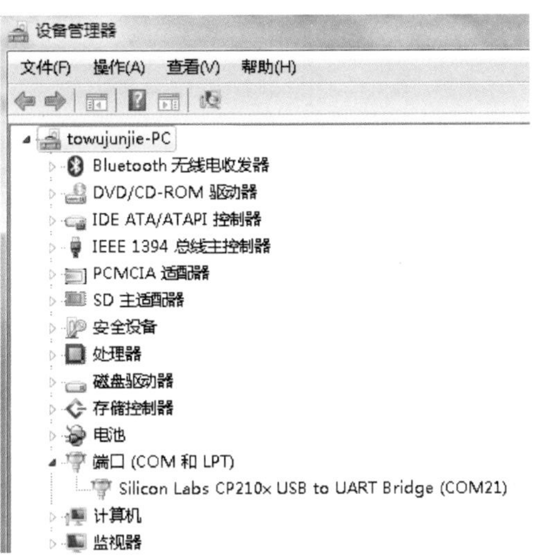

图 3.3　查看测控板的端口号

本地磁盘 (F:) ▸ 12-28 ▸ Seneasy Labplus Scratch测控板主程序 ▸

共享 ▾　刻录　新建文件夹

名称	修改日期	类型	大小
Help	2014/1/4 14:35	文件夹	
locale	2014/1/4 14:35	文件夹	
Media	2014/1/4 14:36	文件夹	
Projects	2014/1/4 14:36	文件夹	
CameraPlugin.dll	2009/7/3 4:27	应用程序扩展	56 KB
license	2009/7/3 4:27	文本文档	2 KB
Mpeg3Plugin.dll	2009/7/3 4:31	应用程序扩展	239 KB
README	2009/7/3 4:31	文本文档	5 KB
Scratch.image	2010/1/17 19:04	IMAGE 文件	5,504 KB
Scratch	2013/12/28 9:21	配置设置	1 KB
Scratch_Labplus	2009/7/3 4:31	应用程序	1,021 KB
ScratchPlugin.dll	2009/7/3 4:31	应用程序扩展	76 KB
UnicodePlugin.dll	2009/7/3 4:31	应用程序扩展	32 KB
uninstall	2010/5/27 10:57	应用程序	65 KB

图 3.4　解压缩 Scratch_Labplus 程序

与 Scratch 1.4 没有太大区别，主要的区别在于，打开软件之后小猫的图标由原来的站着变成了趴着，使用这个图标，意味着这个版本的 Scratch 是基于 Scratch 1.4 的开源原始代码改进而成的。由于 Scratch 的原始代码是公开的，因此，任何人都可以定制自己版本的 Scratch。在各个版本的 Scratch 改进版本中，Seneasy 的 Labplus 版本将信息的输入和输出用一块 Scratch 测控板完成，方便了用户的使用。

接下来在侦测菜单的"传感器板"选项卡中选中显示传感器板，在舞台上出现监视器窗口之后(见图 3.6)，选择对应的端口号数值。这个数值就是"设备管理器"中 COM 口的数值，当出现滑杆、光线等传感器的数值后，说明 Scratch 测控板已经连接成功了，如图 3.7 所示。

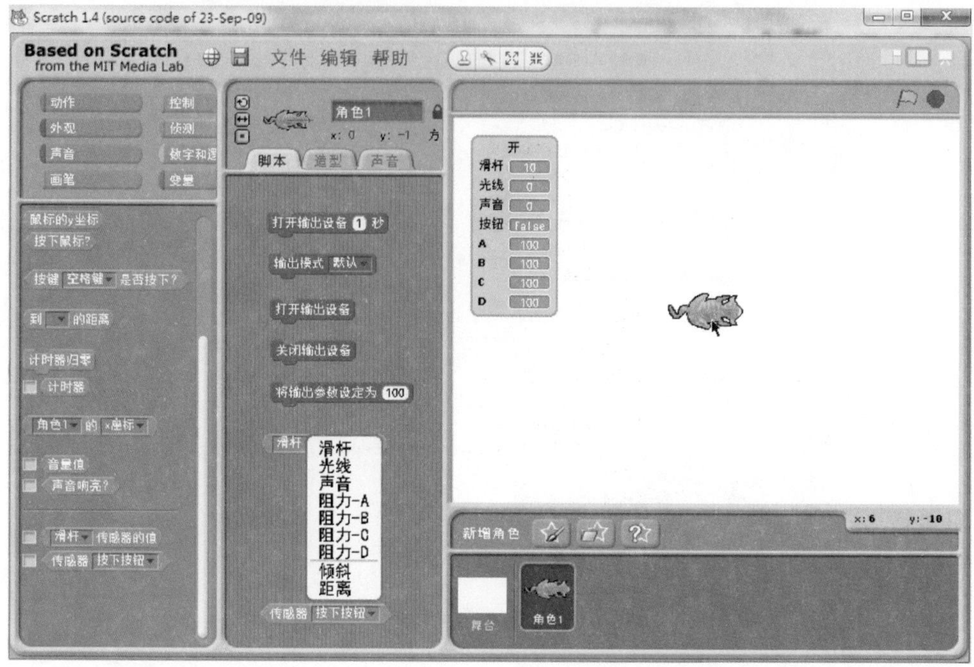

图 3.5 Scratch_Labplus 的编程界面

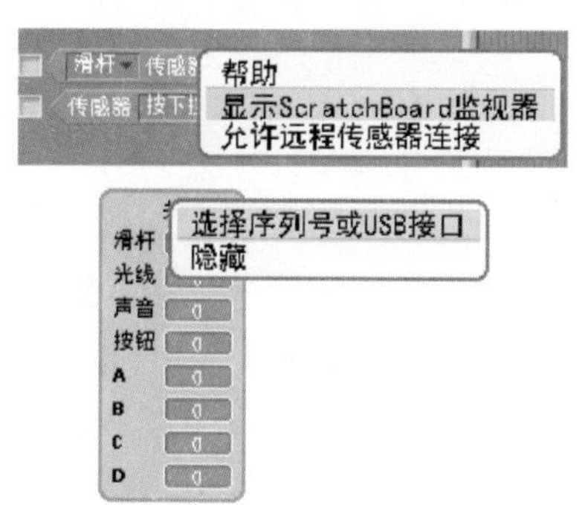

图 3.6 显示传感器板的监视器

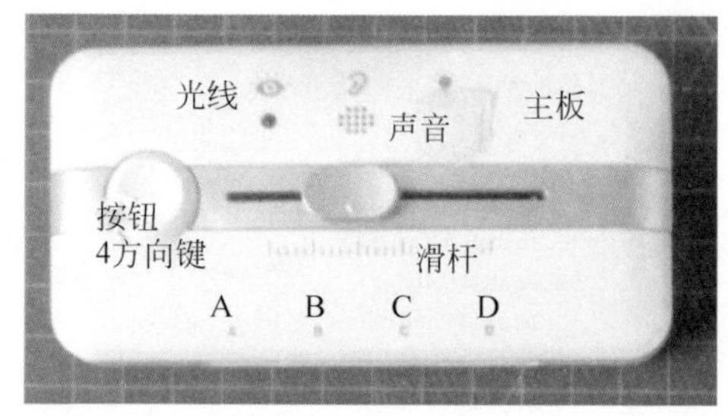

图 3.7 Scratch 测控板主板上的输入端口

此时发现,传感器板上的信息已经能够输入到 Scratch 程序中了。

比如,使用如图 3.8 所示的代码,可以让小猫图标伴随着自己的声音跳动。

在 Scratch 测控板中,也有二值量和多值量两种侦测量,这两种侦测量的使用方法与前文键盘、鼠标、话筒、摄像头所用到的侦测量相同。

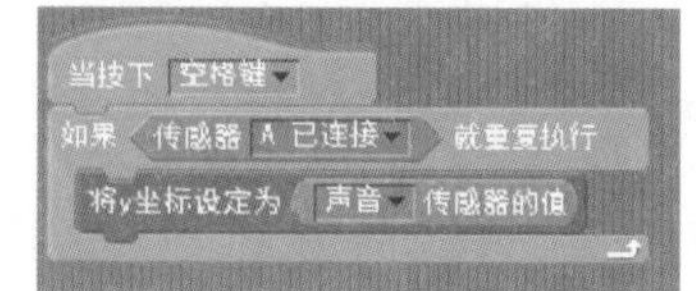

图 3.8 使用测控板控制一个角色的坐标

接下来,注意到在测控板与计算机的连接线插口旁边,还有两个耳机插口,它们是 Scratch 测控板的输出端口。图 3.9 所示,测控板可以输出 LED、蜂鸣器、电动机等一系列的执行设备。在默认状态下这些输出设备的控制代码是隐藏的,需要单击“编辑”菜单中的“显示输出模块”选项,之后在动作类代码中就有了输出设备控制的相

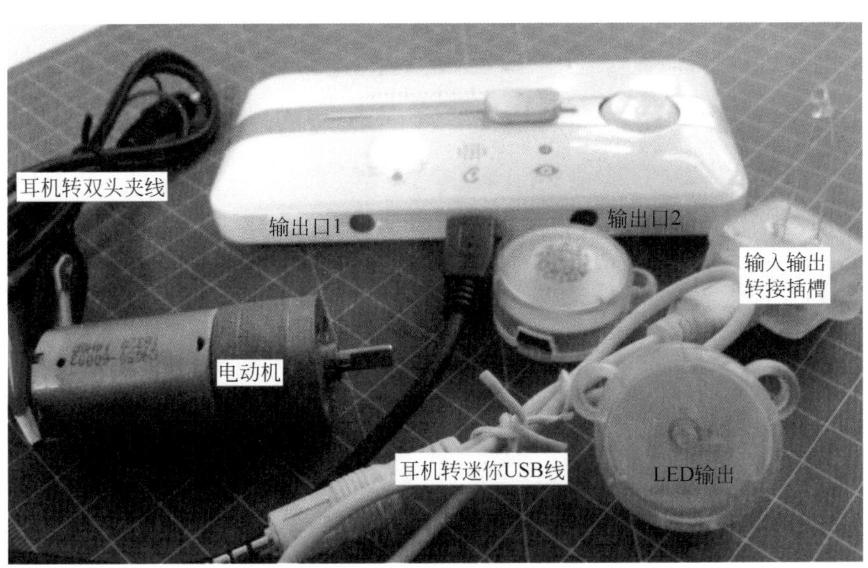

图 3.9　Scratch 测控板输出的设备类型

应代码，如图 3.10 所示。

以 LED 灯为例，将 LED 灯接入 Scratch 测控板上，单击代码 打开输出设备 1 秒，会发现灯打开 1s 后关闭，此时输出设备为 LED 灯。当输出设备为蜂鸣器时，会听到 1s 的声音；当输出设备为电动机时，会看到电动机转动 1s 后停止。总之，通过 打开输出设备 1 秒 代码，可以控制输出设备在一段时间内供电，然后停止。

接下来会发现，代码 打开输出设备 会使灯一直亮着，必须使用代码 关闭输出设备 使灯熄灭。因此不难发现，要让灯 1s 亮 1s 灭地闪烁下去，使用如图 3.11 所示的两种代码的效果是一样的。

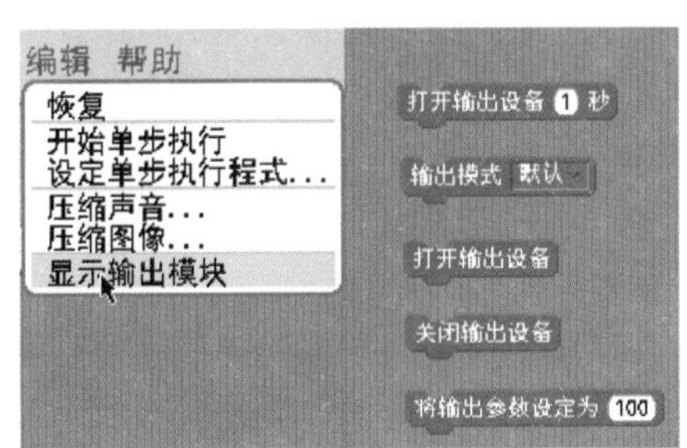

图 3.10　显示输出模块

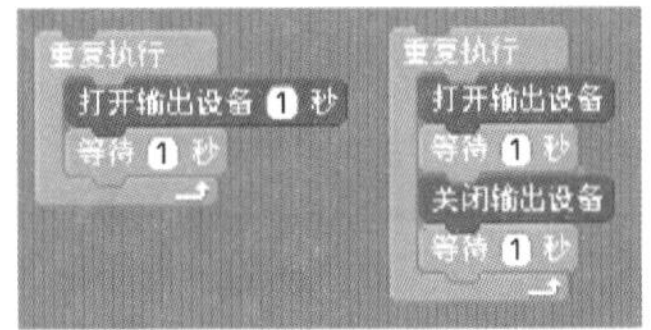

图 3.11　让 LED 灯闪烁

如果这时将另外一个 LED 灯插在另外一个端口上，会发现两个灯是同时亮、同时灭的，如图 3.12 所示，像不像方脑袋的外星人正在闪烁着两个大眼睛？

如果此时使用如图 3.13 所示的代码，就能够用滑杆来控制“大眼睛”闪烁的频率了。

至此，已经初步了解了 Scratch 测控板的输入和输出功能，接下来将从输入和输出两个方面，细致地研究 Scratch 测控板的各种功能。但是这里需要注意的是，读者学习的目标并不是掌握测控板的使用方法，而是发挥大家的想象力和创造力，去设想一个情境，让

测控板得到精彩并有意思的应用。如果能一直这样做，说不定哪一天，就真的能够看到外星人正忽闪着大眼睛，向自己走来。

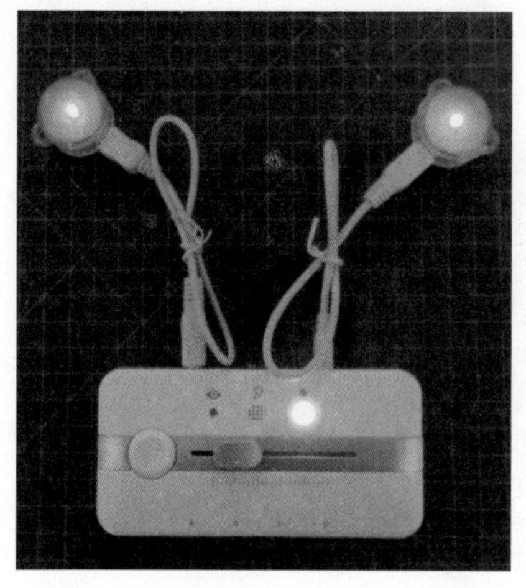

图 3.12　方脑袋的“外星人”闪烁着两个“大眼睛”

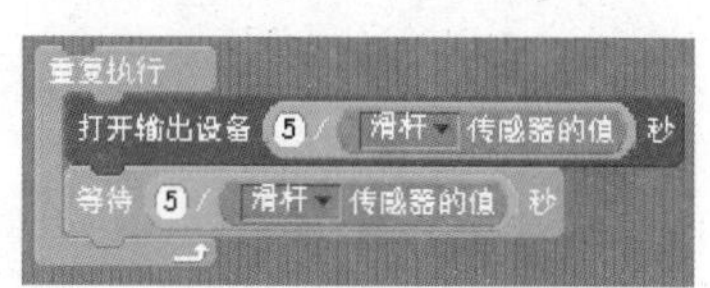

图 3.13　用滑杆传感器控制“大眼睛”的闪烁频率

3.3　Scratch 测控板的二值量的使用

在 Scratch 测控板上有 5 个二值量，它们分别是 [传感器 按下按钮]、[传感器 A 已连接]、[传感器 B 已连接]、[传感器 C 已连接]、[传感器 D 已连接]。以 A 端口为例，当端口连接或者按下按钮时，逻辑判断 [传感器 A 已连接] 成立，在监视器中 A 端口数值为 0（[A 0]），当端口断开或者弹起按钮时，逻辑判断 [传感器 A 已连接] 不成立，监视器中 A 端口的数值为 100（[A 100]）。掌握这些二值量的使用方法，是学习 Scratch 测控板，研发测控传感器的基础。在本节中，将通过几个典型的案例来介绍这些二值量的基本使用方法。

3.3.1　投票装置

在北京地铁的海淀黄庄站有一个面向公众的调查，调查内容是公众选择的低碳生活方式（见图 3.14），每种低碳生活的方式都有对应投票的人数显示。用 Scratch 测控板研发了一个类似的调查工具，可用于调查类的探究学习活动中。

下面将自制一个投票装置。首先将 A、B、C 3 个端口分别连接一个按钮，如图 3.15 所示。

为了显示按下 A 端口的次数，新建“骑自行车”这个变量，使得每按一下纸盘，变量值增加 1，实现计数功能，如图 3.16 所示。

新建“少开空调”和“用节能灯”两个变量，在角色“少开空调”和“用节能灯”两个角色中复制如图 3.16 所示的程序，其中“少开空调”角色用端口 B 控制，对应变量“少开空调”，“用节能灯”角色用端口 C 控制，对应变量“用节能灯”。经过简单的背景修饰之后，

图 3.14　用于调查公众低碳生活方式的互动装置

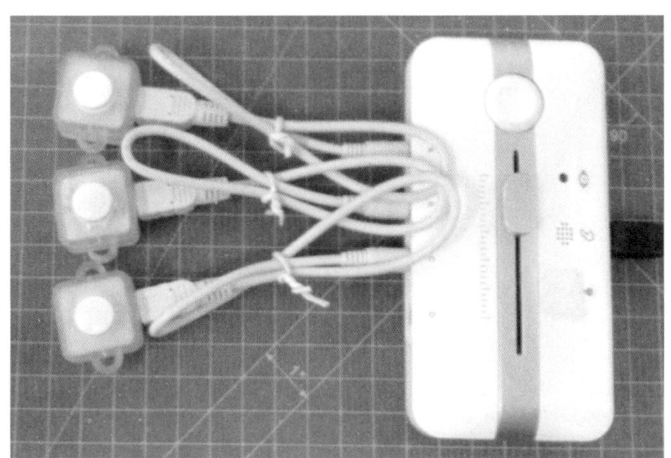

图 3.15　将 3 个用于投票的按钮接到 A、B、C 3 个端口上

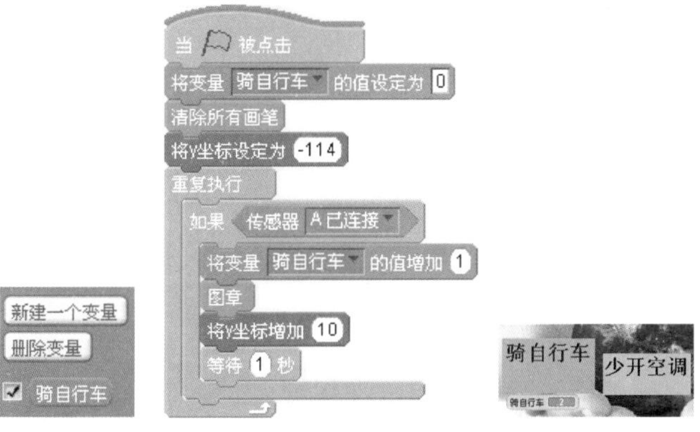

图 3.16　设置变量用于记录端口 A 被按下的次数

完成 Scratch 测控板的一个应用案例——“投票”，如图 3.17 所示。

图 3.17　投票程序的执行效果

图 3.18 所示是一个纸盘触碰开关，它是一个传感器。将一个纸盘的底端掏空并贴上锡箔纸，下面垫上锡箔纸，接到 Scratch 测控板的 A 端口上。当按压纸盘时，上、下层锡箔纸接通，A 端口被接通；松手后上层纸盘弹起，上、下层锡箔纸断开，A 端口断开。这种开关的优点是易于手掌按压，易于制作。制作 3 个纸盘触碰开关，用双头夹连接线分别接在 A、B、C 3 个端口上。

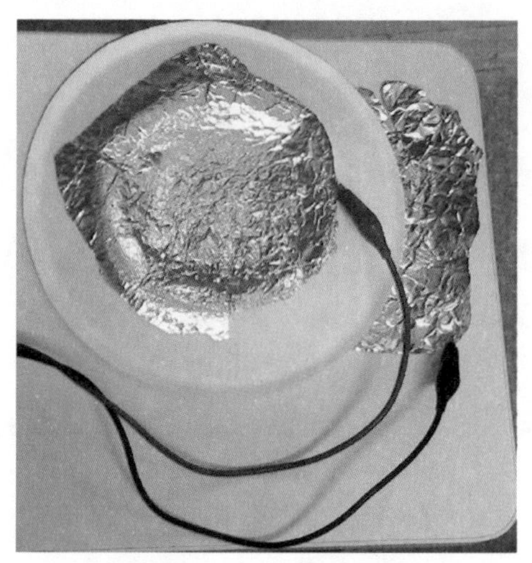

图 3.18　纸盘触碰开关

这样，就可以像图 3.19 所示那样，将投票装置安装在大屏幕上，将每个纸盘开关和对应的按钮连接起来。

使用无线视频和 USB 装置，还可以把这个大屏幕和按钮安装在室外，这样互动效果和图 3.14 就基本一致了。

3.3.2　按钮计数器

前文曾经介绍过计数器，上面的投票程序在本质上也可以看作是一个计数器。图 3.20 用变量 Number 作为计数器记录，用按下 Scratch 测控板上的按钮作为触发条件。按钮在 Scratch 测控板上，可以作为一个开关量使用，它直接在板上，而不需接外电路，因此应用很广泛。

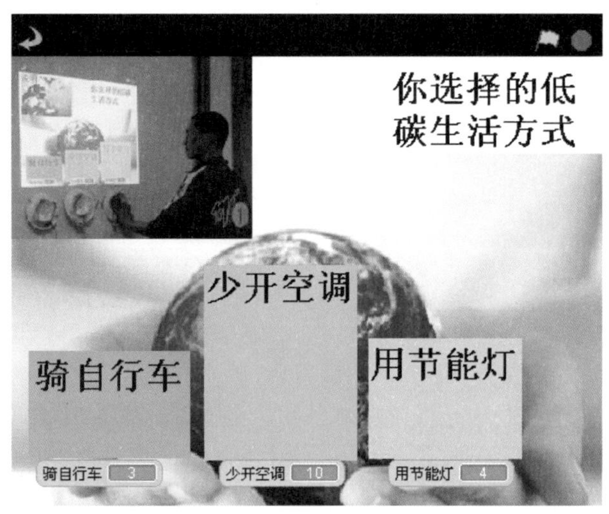

图3.19　将纸盘开关粘在大屏幕上

该计数器的缺点是，在按钮按下再弹起大约0.2s内，可以重复执行多个循环，导致每次增长的数目可以达到4～5个。前文介绍过，可以通过在循环体中添加“等待1s”的指令来解决该问题。但是如果有人一直按住按钮不放，计数器数值就会不断增长，这个问题可以通过代码 直到〈 〉前都等待着 解决，如图3.21所示。

当 被点击
将变量 Number 的值设定为 0
重复执行
如果 传感器 按下按钮
将变量 Number 的值增加 1

图3.20　计数器

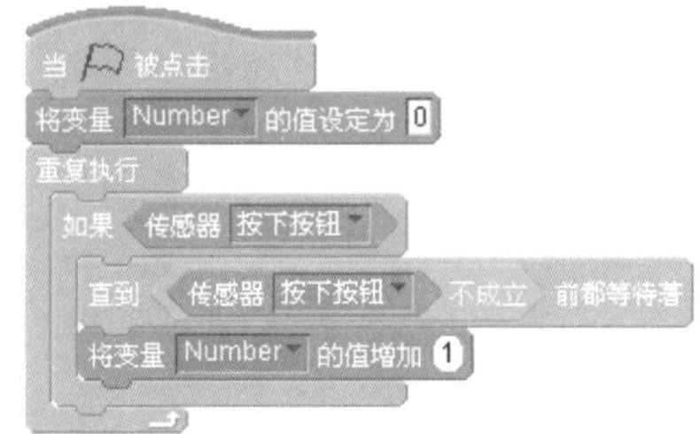

图3.21　用“直到……前都等待着”结构防止重复计数

如果按下了按钮，图3.21中的代码不会马上增加计数值，直到按钮释放后，才增加计数值。

计数器在生活中很常见，如果做一个大的纸盘开关，放在门口的地面上，可以统计有多少人打开了门。

3.3.3　启动装置

在各种“启动仪式”中都可以看到，按下启动按钮后，一个比较壮观的特效出现，象征着活动的开始。这种启动按钮，相当于本文已经介绍过的“直到……前都等待着”语句。本文拟定了下面的情境：按下启动按钮后，反复播放一个不断闪烁的“盛大开幕”的图案，当主持人宣布活动结束后，按下Scratch测控板上的按钮播放退场音乐。这个情境可以通过图3.22所示的代码实现。

按钮A可以做成带有活动主题象征意义的碰撞开关，Scratch测控板握在主持人手中，当碰撞开关被触碰时，原本隐藏的角色“盛大开幕”被显示，间隔0.1s重复切换造型(见图3.23)以实现字幕闪烁的效果(见图3.24)。

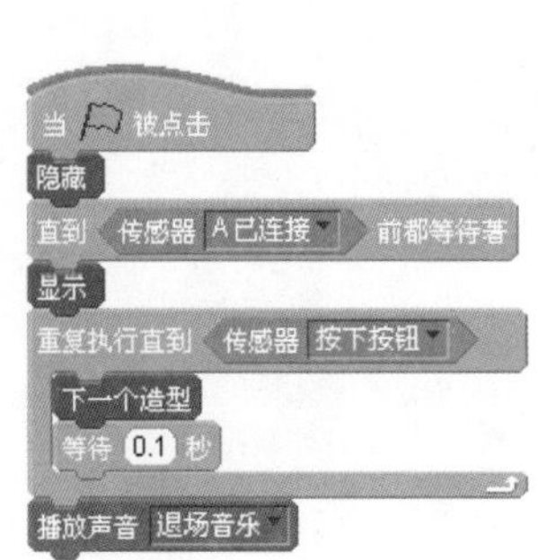

图3.22　应用“重复执行直到……结构”制作启动装置

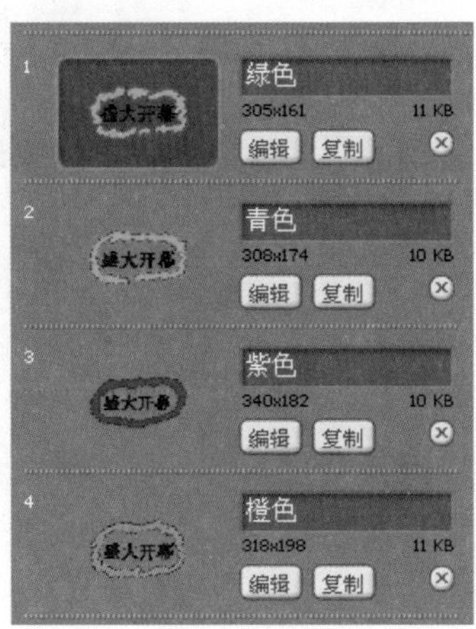

图3.23　用4个造型的循环切换实现文字闪烁

由于程序使用的不是永远循环结构，而是“重复执行直到……”循环结构，当Scratch测控板上的按钮被按下后，循环自动结束，开始播放退场音乐。“重复执行直到……”结构适合于有多个环节且每个环节中还可能用到循环的情况。

注意：当“重复执行直到……”中循环体为空时，其效果和“直到……前都等待着”相同，如图3.25所示。

图3.24　启动装置的效果图

图3.25　循环体为空时“直到……前都等待着”与“重复执行直到……”效果相同

3.3.4　报警器

前面用鼠标左键做了一个简单的报警器，已经知道最简单的报警器的核心是“如果……则……”结构，即条件成立，发出警报(见图3.26)，并反复播放报警声音，只有单击■时才能强制关闭声音。端口A接触碰开关。前文介绍的报警器用鼠标左键将报警器引出有些麻烦，使用Scratch测控板可以很好地完成报警器的制作。

改进这个程序，可以使用“如果……否则……”结构，即条件成立，发出警报；条件不

成立，报平安（见图 3.27），就像安全指示灯，没有警报时一直都是绿色的。

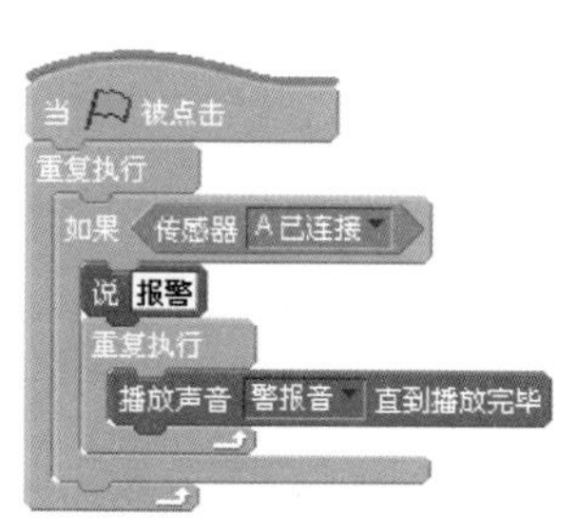

图 3.26　用“如果……则……”结构配合永远循环制作的报警器

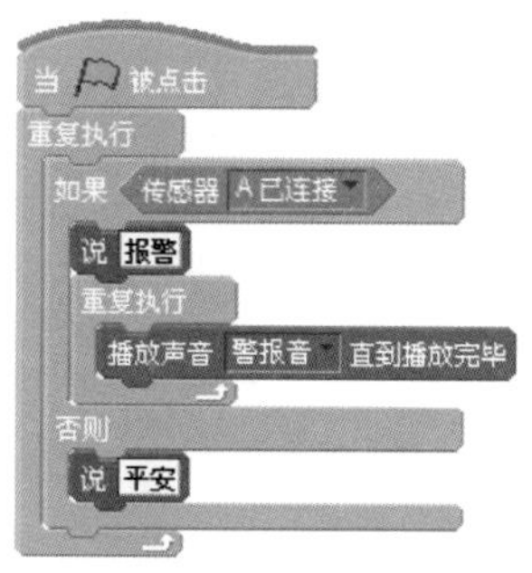

图 3.27　用“如果……否则……”结构添加“报平安”功能

如果人在室内还一直开着报警器，有可能造成误报，引起不必要的麻烦，因此报警器的触发应该有一个条件。可以使用“如果……就重复执行……”结构代替“重复执行”结构，用端口 B 的接通作为循环的条件。当端口 B 被断开时，相当于人将室内报警开关关闭的情况，此时整个报警系统是关闭的（见图 3.28）。

有的学生可能用如图 3.29 所示的程序代替如图 3.28 所示的程序，但应注意它们的效果是不同的。图 3.29 所示程序启动报警器只需要触碰一下端口 B 就可以了，不需要像如图 3.28 所示程序那样，端口 B 需要一直处于闭合状态。如果解除警报后需要重新启动警报，图 3.29 所示程序必须先按“绿旗”，然后至少触碰一下端口 B 才能启动警报。而图 3.28 所示的程序警报解除后，只需要使端口 B 一直处于按下的状态即可。

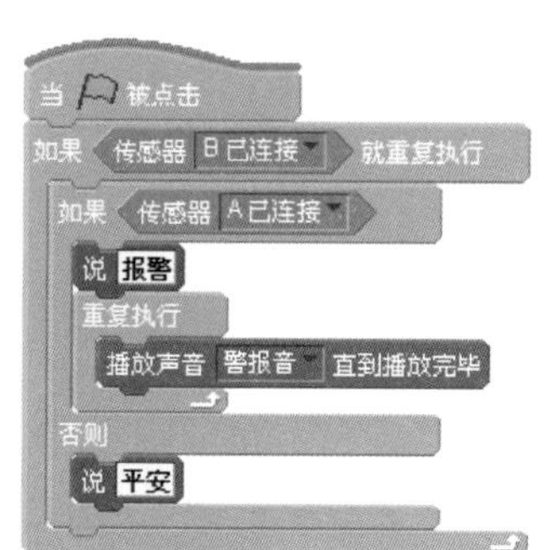

图 3.28　用“如果……就重复执行……”结构添加报警器启动功能

图 3.29　用“直到……前都等待着”结构启动报警器

如果使用图 3.29 所示的程序，B 端口不能使用触碰开关，因为触碰开关接通后，马上会自动断开，导致报警失灵。而应该使用单刀单掷开关，类似电灯开关，无论闭合还是断开都能一直保持状态。

最后，用“重复执行直到……”结构添加警报解除功能，组合使用 Scratch 测控板的 A 端口和 C 端口，使用 传感器 A已连接 或 传感器 C已连接 作为触发报警的条件，使得报警装置更加易用、更加灵敏，如图 3.30 所示。

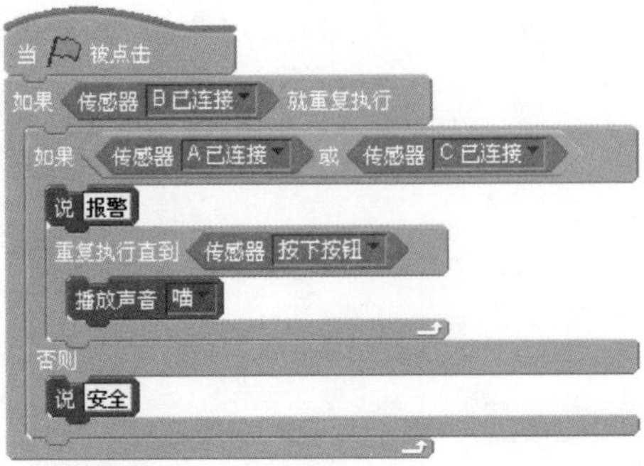

```
当 [绿旗] 被点击
如果 <传感器 B已连接> 就重复执行
    如果 <<传感器 A已连接> 或 <传感器 C已连接>>
        说 报警
        重复执行直到 <传感器 按下按钮>
            播放声音 喵
    否则
        说 安全
```

图 3.30　用“重复执行直到……”结构添加警报解除功能

3.3.5　用 4 个端口制作方向控制游戏

打开 Scratch 例子中 game 文件夹下的 PacMan 文件，这是一个小游戏，如图 3.31 所示。其中控制小球移动的核心代码如图 3.32 所示。

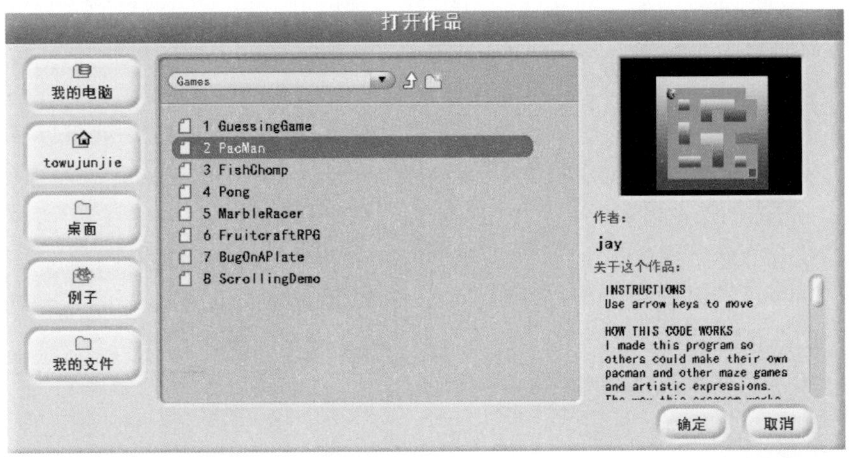

图 3.31　用 Scratch 测控板改进例子中的小游戏

在 Scratch 测控板中，大按钮实际上还承担了方向键的功能，如图 3.33 所示。向上、向下、向左、向右分别与端口 B、端口 A、端口 D、端口 C 相对应。这样，测控板的按钮就像游戏手柄一样，可以自如地变换方向。

因此将如图 3.32 所示的程序进行如图 3.34 所示的改进，就能够用 Scratch 测控板自由地控制游戏了。

许多 Scratch 游戏都是用方向键来控制的，使用上面的方法可以很容易地将其升级为体感游戏。

本小节重点介绍了各种二值量的使用方法，特别是各种逻辑判断指令的使用技巧。事实上，在测控传感器领域，更重要的是学以致用，有的时候不需要太复杂的程

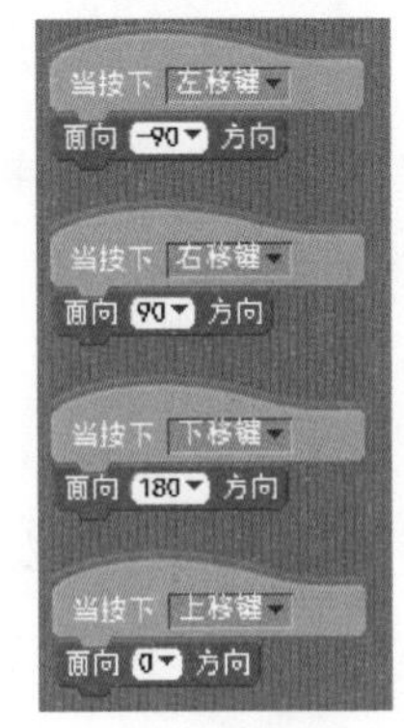

图 3.32　用 4 个方向键来控制小球的运动方向

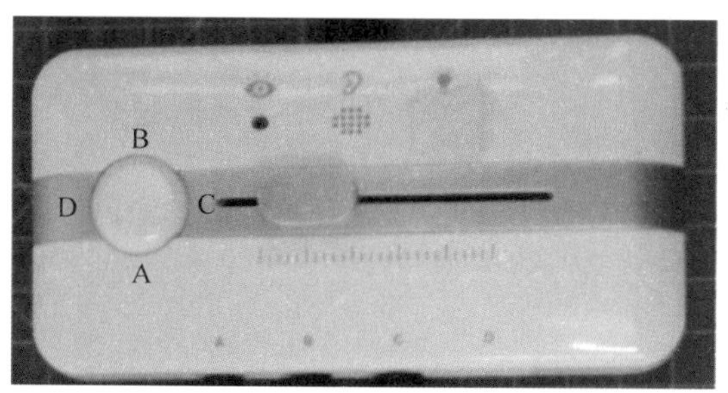

图 3.33　4 个方向按钮

序，也可以实现非常好的交互效果。如图 3.35 所示为一个改装后的蛋糕盒子，当盒子闭合，开关闭合；盒子打开，开关断开。程序一直在等待盒子打开，之后就播放一段音乐或是一段录制好的温暖的祝福。代码极其简单，收获的确是满满的真情。

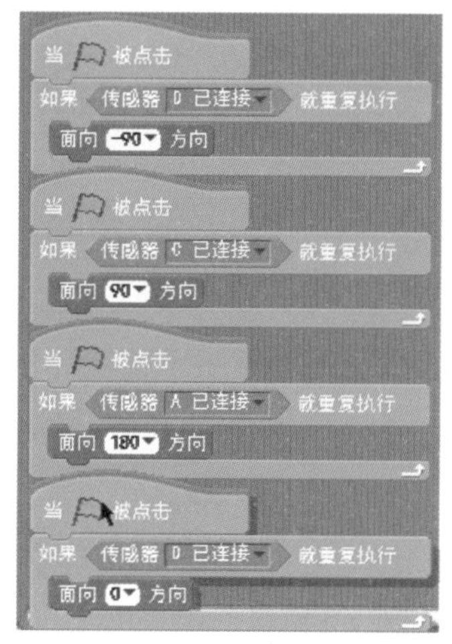

图 3.34　用 Scratch 测控板代替方向键制作一个游戏手柄

图 3.35　用 Scratch 测控板侦测一个礼物盒子的打开

A、B、C、D 4 个端口可以独立作为开关量使用，也可以用逻辑判断组合起来使用。下一节将会更加详细地介绍端口组合使用的技巧。

3.4　二值量的组合应用：3-8 译码器

Scratch 测控板只有 A、B、C、D 4 个端口。以投票系统为例，使用 A、B、C 3 个端口，如果单独使用，只能设定 3 个投票选项，这样就限定了投票系统的应用范围。由于每个端口都是二值量，都有断开(0)和闭合(1)两种状态，如果将 3 个端口组合使用，可以有 $2^3=8$ 种状态，这个过程称为 3-8 译码。本小节将介绍如何制作一个 3-8 译码器。

3.4.1 3-8 译码装置的原理

Scratch 中所有的逻辑量都用两头尖的六边形表示，这些逻辑量有与、或、非 3 种逻辑关系，在 Scratch 语言中非常直观地用这样 3 个图标表示，即 〈 〉且〈 〉、〈 〉或〈 〉、〈 〉不成立 。

用 A 端口代表第一位，B 端口代表第二位，C 端口代表第三位，用已连接表示 1，未连接表示 0，组合的 8 种状态见表 3.1。

表 3.1 3-8 译码装置的逻辑关系

十进制数	二进制数	Scratch 代码
0	000	〈〈〈传感器 A已连接〉不成立〉且〈〈〈传感器 B已连接〉不成立〉且〈〈传感器 C已连接〉不成立〉〉〉
1	001	〈〈传感器 A已连接〉且〈〈〈传感器 B已连接〉不成立〉且〈〈传感器 C已连接〉不成立〉〉〉
2	010	〈〈〈传感器 A已连接〉不成立〉且〈〈传感器 B已连接〉且〈〈传感器 C已连接〉不成立〉〉〉
3	011	〈〈传感器 A已连接〉且〈〈传感器 B已连接〉且〈〈传感器 C已连接〉不成立〉〉〉
4	100	〈〈〈传感器 A已连接〉不成立〉且〈〈〈传感器 B已连接〉不成立〉且〈传感器 C已连接〉〉〉
5	101	〈〈传感器 A已连接〉且〈〈〈传感器 B已连接〉不成立〉且〈传感器 C已连接〉〉〉
6	110	〈〈〈传感器 A已连接〉不成立〉且〈〈传感器 B已连接〉且〈传感器 C已连接〉〉〉
7	111	〈〈传感器 A已连接〉且〈〈传感器 B已连接〉且〈传感器 C已连接〉〉〉

用上面的 8 种状态制作投票装置，当没有投票时，A、B、C 都断开，系统处于 000 状态，因此可用的有效状态数为 7，可以支持 7 个选项。

首先，将 A、B、C 3 个按钮接在 Scratch 测控板上，如图 3.36 所示。

接下来需要编写程序，图 3.37 所示为将这 3 个按钮同时按下弹奏音符 xi 的过程。

Scratch 语言中的“声音”程序模块中，提供了超过 50 种乐器的音效，通过设定乐器种类，可以方便地制作电子乐器。

单击代码“弹奏音符”旁边的向下选项卡，可以选择音符(见图 3.38)，并试听效果。

按照这种方法可以用类似的代码建立从 do～la 的其他 6 个音符，图 3.39 就是 la 的原始程序。

完成所有程序后，就可以试着用 3 个按钮来演奏音乐了。但是这种方法表示一个音，常常需要按下 2～3 个按键，比较麻烦，有没有简单一些的办法呢？

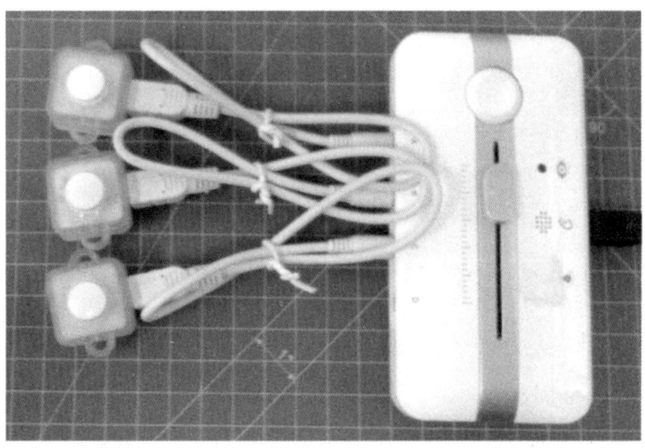

图 3.36　将 3 个按钮连接在 Scratch 测控板上

图 3.37　弹奏音符 xi 的程序

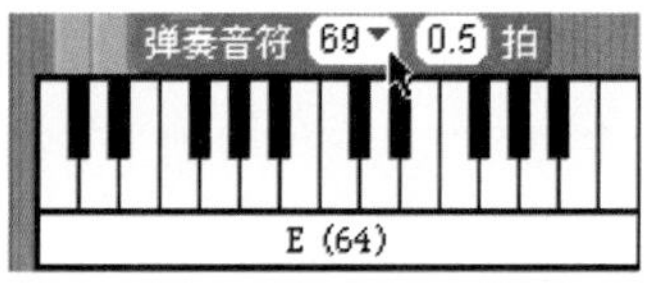

图 3.38　选择音符

图 3.39　弹奏音符 la 的程序

3.4.2　用铜箔制作一个简单的 3-8 译码器

铜箔是一种很方便的制作简单电路的材料。为了制成一个 3-8 译码器，需要明确：在 Scratch 测控板的连接线中，如图 3.40 所示，所有黑色的夹子都代表同一个电极，共同接负极。也就是说，它们是连接在一起的，而红色夹子则是彼此独立。如图 3.40 所示的接线方法中，A、B、C 3 个接口都应该表示 0。

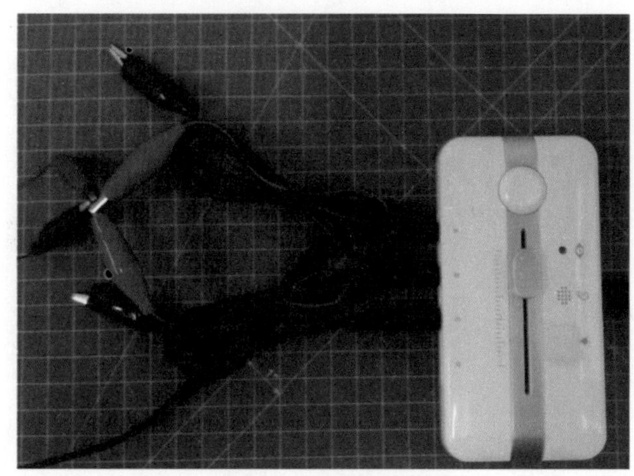

图 3.40　双头夹导线的原理

虽然只有C端口的黑色夹子和红色夹子连接，但是电流仍然可以从A、B、C 3个端口的红色夹子通过黑色夹子流到负极，条件判断 传感器 A已连接 且 传感器 B已连接 且 传感器 C已连接 成立。

接下来，利用这个原理，用铜箔来制作一个3-8译码器。铜箔是一种用铜薄膜制成的胶带，将其背面的纸撕掉就变成了导电的胶布。先将铜箔制作成一个三叶草的形状，如图3.41所示，并且在每个叶片上分别夹上一个红色电极。

三叶草的3片铜箔是彼此分开的，它们之间有一段非常窄的绝缘空隙，在一根铅笔的低端粘一段铜箔，夹上黑夹子，当这个低端接触到三叶草的不同区域时，会触发不同的逻辑判断结果，如图3.42所示。当不同的区域被铅笔所代表的负极接触，会将A、B、C 3种逻辑判断结果组合所产生的7种有效状态全部包括进去。

图 3.41　加工铜箔

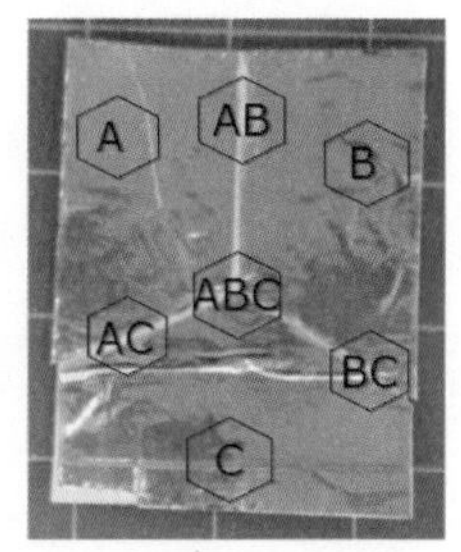

图 3.42　简易的3-8译码器

使用这种方法，只需要用铅笔敲击铜箔的不同区域（相当于按下一个按键），就可以听到不同的声音。

3.4.3　制作键盘式的3-8译码器

图3.42所示的3-8译码器的缺点是各个按键不在同一排，另外负极悬了一根导线，

也不够美观。了解了 3-8 译码器的原理后，如图 3.43 所示，可以制作 7 个按键来解决这个问题。图 3.43 中 1～7 的 7 个按键控制了不同的逻辑状态，如按下 6，C 端口和 B 端口被接通，系统状态为 110，即 C 接通、B 接通、A 断开。注意按键 6 中的两个触点是彼此绝缘的，即 C 的正极和 B 的正极在按下 6 之后仍然是绝缘的，这个结构相当于一个双刀单掷开关。同理，按键 7 相当于一个三刀单掷开关。连接该电路需要 24 根导线，图 3.43 中用不同颜色和虚实的线段给出了接线的方法。

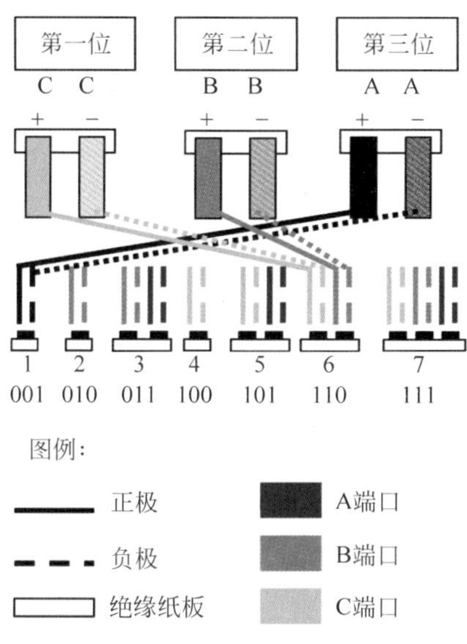

图 3.43　3-8 译码装置电路原理图

（注：为了避免混乱，导线并未完全连接。）

按照上面电路设计连接电路设计了音乐键盘(见图 3.44)，将铜箔剪成 2mm 宽的长条，作为导线连接电路。以按键 1 为例，将导线从纸的下端连接到 A+ 上，连接到按键上，在折铜箔时应小心，避免铜箔折断。连接 A+ 和 A− 的铜箔要间隔 1mm 并彼此绝缘。按厚纸板上的虚线将纸板向内折，在对称的位置粘上 5mm 宽的铜箔，当按下位置 1 时，A+ 和 A− 连接起来。纸板的弹性可以保证，只有按钮 1 被按下，其他位置处于断开状态。每增加一对导线，应用宽透明胶带将导线从按键到端口之间的部分覆盖住，避免导线交叉时

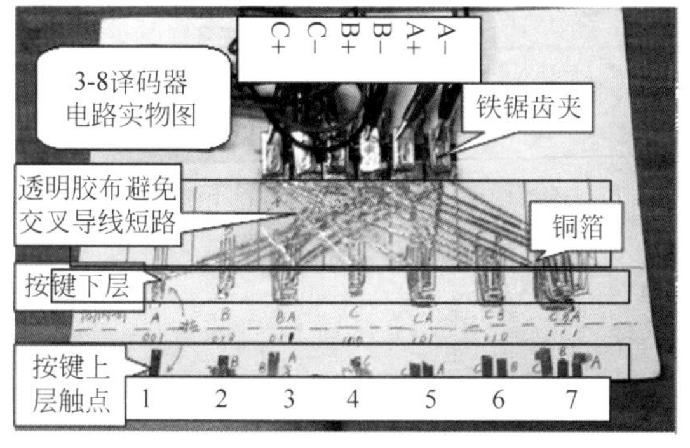

图 3.44　用 3-8 译码装置原理制作的钢琴键盘

造成电路短路。按键 3、5、6、7 需要粘多片铜箔，应注意彼此绝缘。用铁锯齿夹夹住 3 个端口，锯齿可以嵌入到铜箔中，保证铜箔与端口的导通。

但是该代码有一个缺点，如果按键 7 没有按完整，就可能出现只有部分端口被按下的情况。如端口 B 和端口 C 被按下，A 出现了虚连，弹奏的就不是 xi，而是 la。为了避免这种情况的发生，将程序进行了一些调整(见图 3.45)。

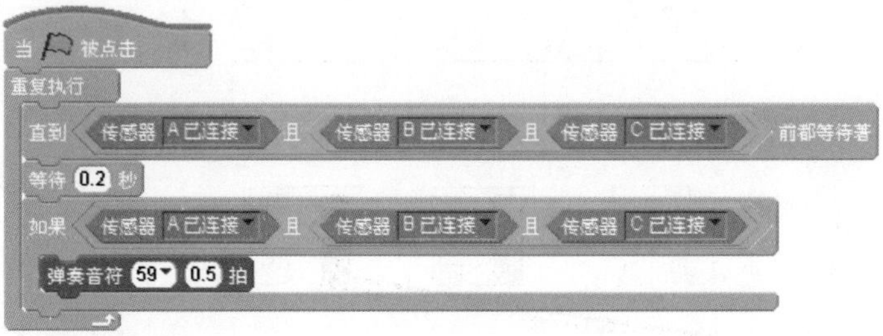

```
当 被点击
重复执行
  直到 <传感器 A已连接> 且 <传感器 B已连接> 且 <传感器 C已连接> 前都等待著
  等待 0.2 秒
  如果 <传感器 A已连接> 且 <传感器 B已连接> 且 <传感器 C已连接>
    弹奏音符 59 0.5 拍
```

(a)

```
当 被点击
重复执行
  直到 <传感器 A已连接> 不成立 且 <传感器 B已连接> 且 <传感器 C已连接> 前都等待著
  等待 0.2 秒
  如果 <传感器 A已连接> 不成立 且 <传感器 B已连接> 且 <传感器 C已连接>
    弹奏音符 57 0.5 拍
```

(b)

图 3.45 避免按键虚连将程序做了修改

这样即使按下 7 时，由于没有按住，只有 B、C 被接通，仍然有 0.2s 的时间将 A 按下，这样图 3.45(b)中的第二个逻辑判断不再成立，就不会错把 xi 弹成 la。但是 0.2s 等待的引入会影响乐曲的连续性和节奏，最好的办法还是在按键设计时，保证触点在手指指肚的有效范围内。

3.4.4 互动效果设计

Scratch 测控板很注重互动效果的设计，这种设计体现了教师和学生的集体智慧，与此同时，也是该教学系统的优势所在。以钢琴键盘为例，除了可以选择不同的乐器提高互动效果外，在硬件的设计上还可以有更为丰富的想象力。在图 3.46 中左侧是一个纸盘按键，相当于图 3.44 中的按键 6，学生可以像敲鼓一样敲击纸盘，制作类似电子高音鼓的乐器。图 3.46 右侧是一个拖鞋，背面用铝箔粘贴踩到下方的端口 C 上面，可以弹奏音符 fa，这样可以有 7 位同学用脚踏的方式共同演奏乐曲，充分体现了团队合作的精神。这种交互效果的设计是最体现学生想象力和创造力的环节。

如果将 Scratch 测控板上的按钮加入进来，用 A、B、C、D 和按钮 5 个状态控制，可以获得 $2^5-1=31$ 种有效状态。这些作品足够设计一个真实的键盘，事实上前面介绍的 3-8 译码器的连线方式和键盘的连线方式很接近，但是面临的主要问题是电路变得复杂之后如何连接导线，使用导电墨水“画”出一个电路图可以让连线更加方便，如图 3.47 所示。

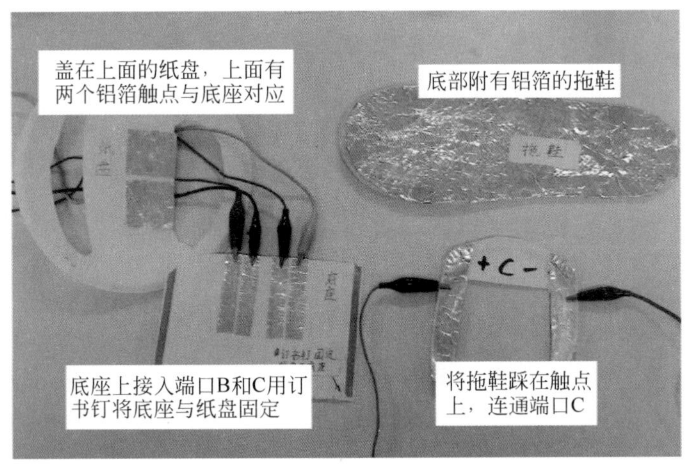
盖在上面的纸盘，上面有
两个铝箔触点与底座对应
底部附有铝箔的拖鞋
底座上接入端口B和C用订
书钉将底座与纸盘固定
将拖鞋踩在触点
上，连通端口C

图 3.46　纸盘按键与脚踩按键的设计

draw a
circuit
Bare Paint

图 3.47　用导电墨水绘制出一个电路图

3.5　标定实验入门——滑杆传感器的标定

滑杆传感器是 Scratch 测控板上的一个重要传感器，它是一个模拟量，在 Scratch 语言中用 滑杆 传感器的值 表示。滑杆传感器在使用过程中可以拿在手里，使用很方便。接下来将介绍滑杆传感器的应用，其中涉及标定实验这一重要的传感器研发技术。

3.5.1　用滑杆传感器玩互动游戏

在 Scratch 语言中有一个系统自带的游戏，可以在“打开”菜单中的例子中找到，名字是“4 pong”，程序效果如图 3.48 所示。一个球在下落，碰到黑色的短挡板会反弹，但是不能碰到底部的红色色块。

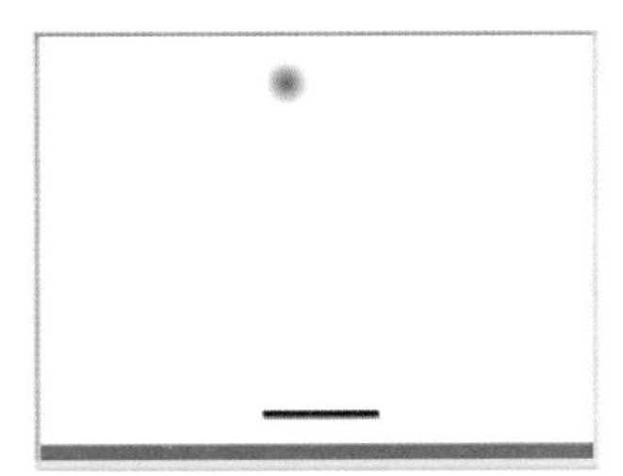

图 3.48　典型的 Scratch 游戏“乒乓球”

在程序中角色“padle”即黑色的滑板会随着鼠标的横坐标移动，这样的效果是通过图 3.49 所示的程序实现的。

为了让程序玩起来更有气氛，可以尝试用滑杆传感器替代“鼠标的 x 坐标”(见图 3.50)，但是由于滑杆传感器的变化范围为 0～100，滑板只能移动比较少的一段区域，将背景设为坐标系后，这一点可以更明显地看出来(见图 3.51)。

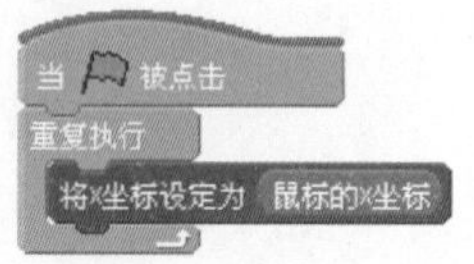

图 3.49　滑板随着鼠标移动

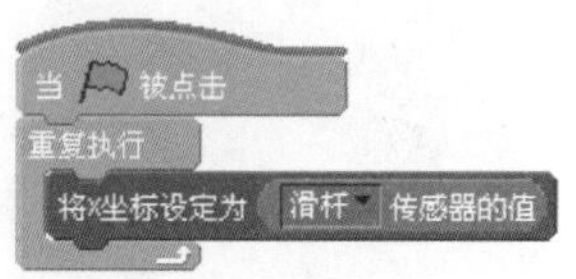

图 3.50　让滑板随着滑杆移动

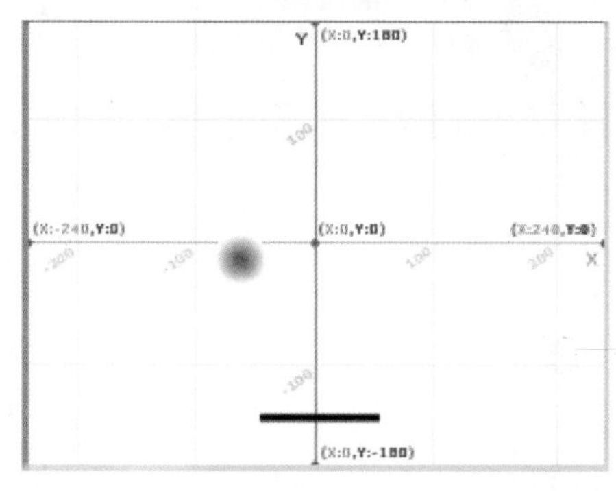

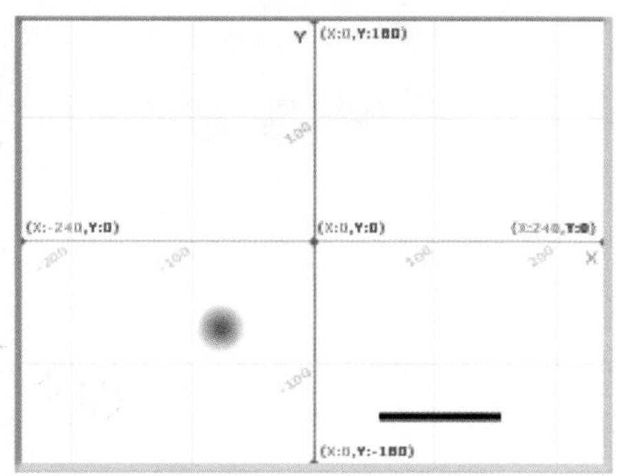

图 3.51　用滑杆控制滑板只能移动有限的范围

原本希望的效果是滑杆移到最左端时，滑板移到最左端，滑杆移到最右端时，滑板移到最右端。为了解决这个问题可以在中等视图下分别将滑板强制移动到最左端后，观察编程窗口上方显示的坐标值 x：－192　y：28，确定滑杆传感器的控制目标为坐标在－192～182 之间变化。这个需求可以输入到 Excel 表中(见图 3.52)。

	A	B
1	滑杆传感器	坐标
2	0	-192
3	100	182
4	50	-5

图 3.52　将控制目标输入到 Excel 中

前面多次使用了 Excel 拟合的方法，但是限于篇幅难以展开，本书重点讲解 Excel 拟合中的一种最重要的拟合方式——线性拟合。如图 3.53 所示，在将坐标随滑杆传感器变化的散点图中，在散点上右击，在弹出的快捷菜单中选择“添加趋势线”命令，由于中间的点是通过两边的点求平均值得到的，很显然该散点在一条直线上，拟合类型选择“线性”并选中“显示公式”和“显示 R 的平方值”两个复选框，得到如图 3.54 所示的图形。

图 3.54 中函数的意义是，给定一个滑杆传感器值作为自变量 x，通过 $y=3.74x-192$ 计算都可以将其对应到－192～182 之间。R 的平方等于 1，说明散点都在一次函数上。当拟合得到的一次函数一次项系数为正时，说明当滑杆传感器数值增加时，坐标也增加，这种自变量随因变量增加而增加的关系称为正相关。

将图 3.54 所得的函数代入到图 3.50 所示的代码中，如图 3.55 所示。结果表明，滑杆可以很好地控制滑板从屏幕的最左端移到最右端。

至此完成了一开始制定的“用滑杆控制滑板玩这个游戏”的工程目标，但是一位同

学提出，滑板是轴对称图形，为什么在最左端和最右端的坐标不是对称的？学生通过研究发现，原来 Scratch 语言的编写者在编写这个案例时，未将滑板这个角色的中心设在几何中心上(见图 3.56)，为了解决这个问题可以重新设定旋转范围，将中心设定在几何中心上。

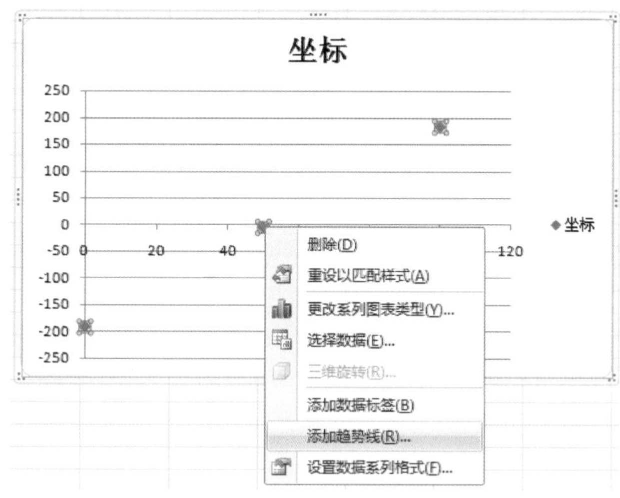

图 3.53　添加趋势线进行线性拟合

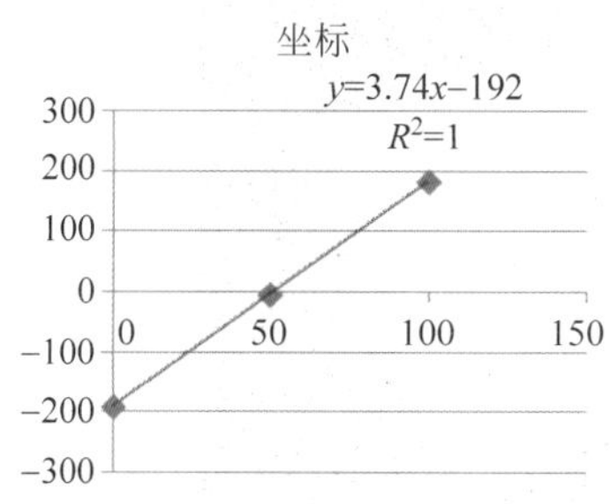

图 3.54　线性拟合的函数和 R 的平方值

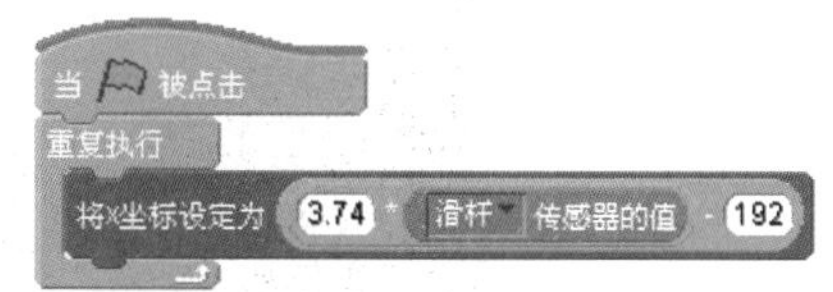

图 3.55　应用拟合函数实现滑杆的移动

图 3.56　调整滑板的几何中心

滑板角色的宽度为 100 像素，这可以在“造型”菜单中角色造型旁的“100×6”读出。由于已经将滑板的中心调整为其几何中心，那么滑板的最右端移到 240 时，其几何中心的位置应为 240－50＝190，根据轴对称关系，滑板的移动范围改为－190～190。根据对称

的观点，一位同学提出另一种控制滑板的算法，将滑杆传感器数值减去 50，坐标变化范围转换为−50～50，然后再将该范围放大 190/50 倍。这一过程应用了等比例放大的数学方法，相对于一次函数的方法更适用于低年级的学生掌握(见图 3.57)。

图 3.57　用等比例放大的方法实现滑杆坐标变换

3.5.2　用滑杆传感器制作卡尺

滑杆传感器在本质上是一种长度传感器，那么运用滑杆传感器能不能制作一个测量长度的仪器呢？用 Scratch 测控板制作仪器最重要的是寻求稳定的对应关系，即测定改变滑杆距滑杆一端的距离研究滑杆传感器数值与距离的关系(见图 3.58)。将铜箔粘贴在滑杆上使得测量距离更加准确，目前需要记录铜箔离开原始位置的刻度和当时滑杆传感器的数值。

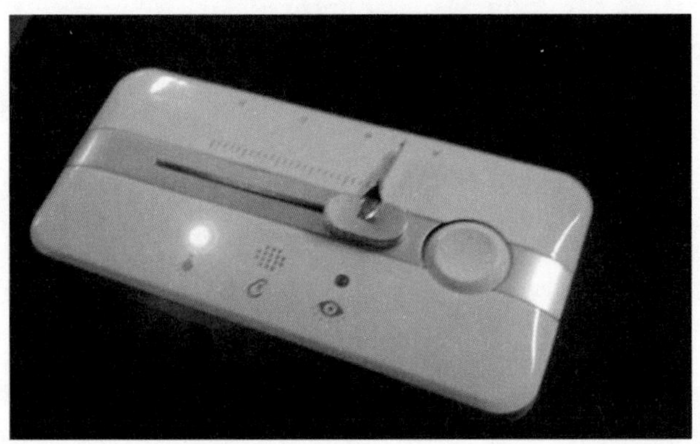

图 3.58　滑杆传感器标定的实验装置

接下来，需要编写 Scratch 程序测量滑杆移动所得到的数值，程序如图 3.59 所示。

图 3.59　编写程序记录当前长度和滑杆传感器的数值

从图 3.60 可以看到两个链表，在链表上右击，选择输出为. txt 文件。

将. txt 文件中的全部数值复制到 Excel 中，数据见表 3.2。

接下来绘制一个散点图，如图 3.61 所示。从图 3.61 可以看出，滑杆传感器的数值和长度之间是一个递增的关系，而且各个散点基本在一条直线上。

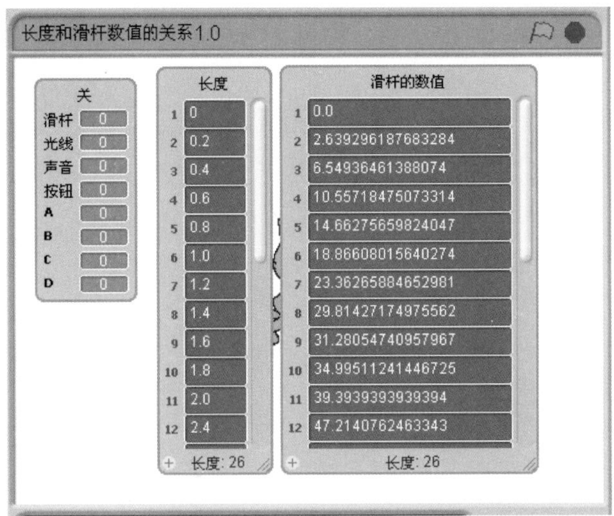

图 3.60　原始数据表

表 3.2　**长度与滑杆传感器数值的关系实验的原始数据**

长　　度	滑杆的数值	长　　度	滑杆的数值
0	0	2.6	52.19941
0.2	2.639296	2.8	55.91398
0.4	6.549365	3	58.94428
0.6	10.55718	3.2	64.12512
0.8	14.66276	3.4	68.23069
1	18.86608	3.6	72.53177
1.2	23.36266	3.8	75.95308
1.4	29.81427	4	82.89345
1.6	31.28055	4.2	84.26197
1.8	34.99511	4.4	88.17204
2	39.39394	4.6	91.88661
2.4	47.21408	4.8	96.38319
2.2	43.59726	5	100

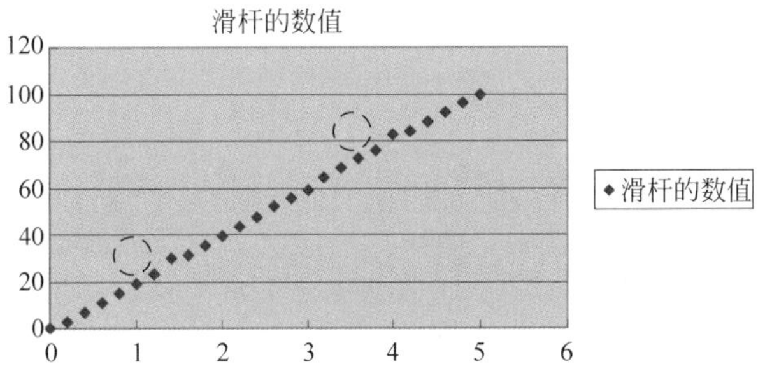

图 3.61　绘制原始的散点图

如果仔细观察会发现，图表上有两个点错位了，需要重复测量 1.4 和 4 处的数值。为了判断这两点是实验误差还是实验错误，需要多次测量取平均值，所得数据在表 3.3 中。

表 3.3　将可能错误的数据重新测量

长　度	滑杆的数值	平　均　值
1.4	27.46823	27.91789
1.4	28.348	
1.4	27.95699	
1.4	28.44575	
1.4	27.37048	
4	80.84066	80.17595
4	80.1564	
4	79.9609	
4	79.7654	
4	80.1564	

修改之后发现，1.4 处和 4 处有错误，修改数据之后就是一条直线，如图 3.62 所示。

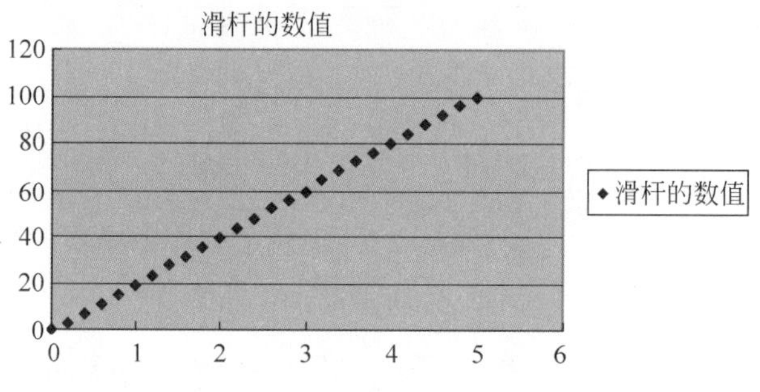

图 3.62　修改数据后的散点图

通过添加趋势线的方法，重新绘制散点图，将长度设为 y 轴，滑杆的数值设为 x 轴，添加趋势线之后，找到已知滑杆数值求长度的公式，如图 3.63 所示。R 的平方达到了 0.999，说明所有散点在趋势线上的程度非常好。

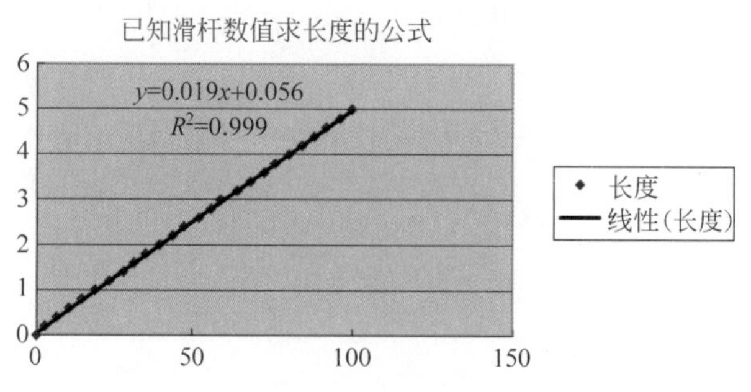

图 3.63　添加趋势线找到长度的计算公式

然后，编写如图 3.64 所示的代码，代入长度计算公式中。

图 3.64　代入长度的计算公式

修改 Scratch 程序，验证测量长度是否准确，将 Scratch 小猫所处的长度值和滑杆当前所处的刻度值比较(见图 3.65)，实验证明这个测量长度的装置是很准确的。

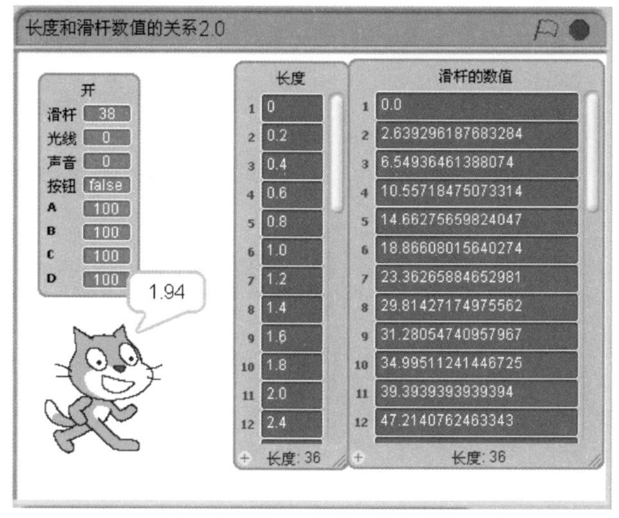

图 3.65　检验长度的测量是否准确

为了更好地讲解 R 的平方的意义，图 3.66 给出了线性拟合后 R 的平方为 0.8 和 0.5 的两组散点图。R 的平方大于 0.5 时，线性拟合才能有效地表现散点的趋势。但是只有 R 的平方为 0.95 以上，才能够作为标定函数使用。

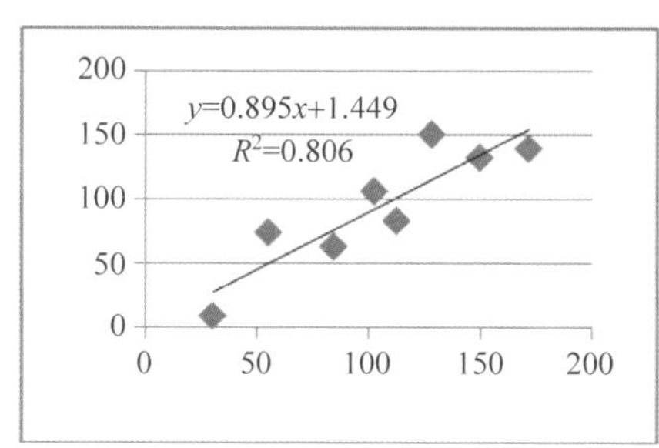

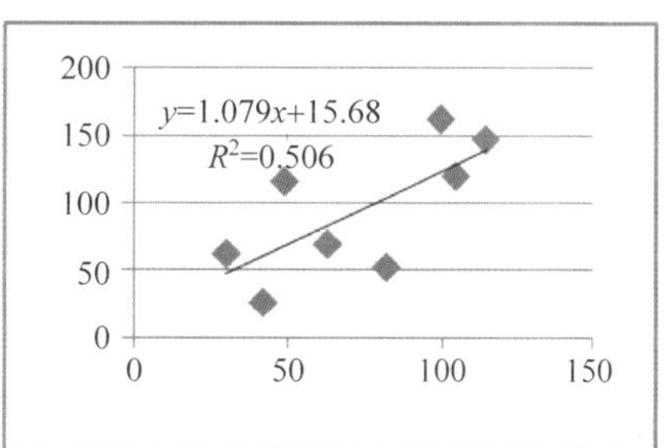

图 3.66　不同 R 的平方下的散点图

传感器的一个重要的应用领域就是自动测量仪器的制作，Scratch 测控板的产生和像 Scratch 语言这种可视化编程语言的出现，使得这部分知识可以作为一项重要能力通过一系列的实验来学习。一旦发现一个物理量和 Scratch 测控板中的一个感测量存在稳定的对应关系，就可以利用这个关系通过标定实验来测定这个物理量。本实验中 Scratch 测

控板上滑杆的刻度单位并不是厘米，5个大格实际上对应4.16cm，因此上面的计算公式还需要乘以4.16cm再除以5。至此，只制作了一个游标卡尺，其量程为0～4.16cm，但是作为一个测量工具，还需要知道它的分度值，即测量精度是多少，因此，进行一个测量精度的实验。

3.5.3 确定游标卡尺的分度值

非常缓慢地将滑杆从0滑到100，并将数据记录在链表“测量精度”中，如图3.67所示。

将记录的.txt文件导出到Excel中(见图3.68)，求出每次滑杆传感器变化的差值。

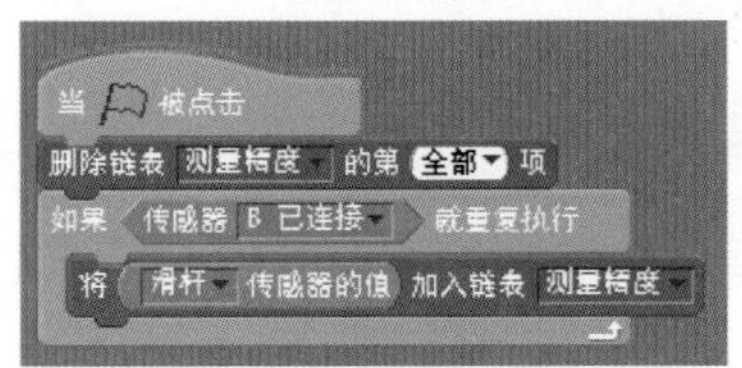

图3.67 缓慢记录滑杆传感器的变化

B3 =A3-A2

	A	B	C	D
1	0			
2	0			
3	0.293255	0.293255		
4	0.293255	0		
5	0.488759	0.195503		

图3.68 求出滑杆传感器变化的差值

图3.69所示，画出差值的散点图。

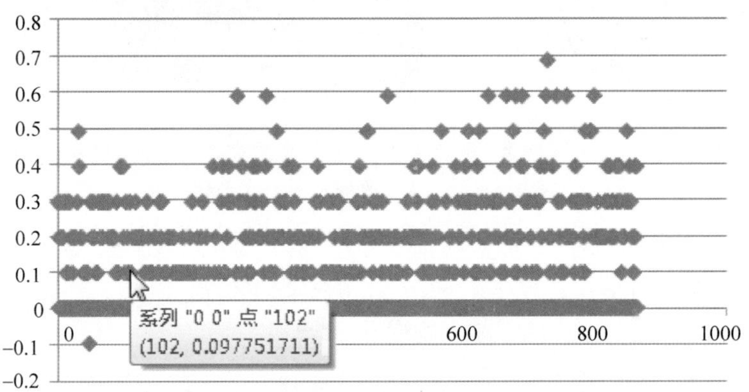

图3.69 滑杆传感器数值的变化

不难发现，所有的点就像阶梯一样等距排列，并且有一个最小的变化量，这个数值是0.097751711，它就是滑杆传感器数值在0～100之间变化的最小分度值。由于100对应着4.16cm，因此该游标卡尺的测量精度为0.097751711×4.16cm/100≈0.004cm≈0.04mm，这个测量精度与20分游标卡尺相当，还未达到50分游标卡尺的要求，因此该数字化游标卡尺并不能完全替代工程中的游标卡尺。

如果将滑杆传感器的数值看作是一个长度为100的尺子，这把尺子的每一个小刻度是0.097751711，那么这把尺子被分成了多少份呢？用100除以0.097751711约得到1023，这个数字刚好是$2^{10}-1$。这个事实说明，在Scratch测控板的内部使用了一个十位的芯片，通过10个二值量来存储每个测量值。像前面的实验中，通过分析1000组数据，采用差值和画图的方法，发现了一个重要的规律，这种依赖于大量数据的分析方法，称为大数据的方法。Scratch 测控板可以很方便地采集大量的数据。有一种观点认为,目前正在进入物联网和大数据的时代,而像前面那种基于大量数据挖掘出隐含规律的能力,则是大数据时代每个人都需要具备的一种能力。

在本案例中研究了长度和滑杆传感器数值之间的定量关系,并且应用这种关系制作了一个测量长度的仪器。除了长度外,还可以研究其他的物理量,例如接下来研究的是亮度和 A 端口输入数值之间的关系。

3.6　曲线关系的标定初步——光敏黑白扫描仪

扫描仪的核心器件是颜色传感器,可以用最简单的光敏电阻来制作一个黑白扫描仪。首先,看一下光敏电阻是否可以区分 4 种不同的颜色。

3.6.1　利用光敏电阻实现灰度识别

扫描仪将纸质的图片扫描成电子图片,其核心是一个感光探头,该探头会逐行扫描图片各个区域,将每个区域的色彩、亮度信息排列起来形成数字化图像。可以使用 Scratch 测控板的光敏电阻完成扫描仪的制作,首先要用光敏电阻对色彩的识别功能进行测试。

将光敏电阻接到端口 A 上,如图 3.70 所示制作白、红、黄、蓝 4 个不同的色块作为 4 个角色,其中角色白色色块可以通过图 3.71 所示的代码改变其亮度使其逐步从白色变暗直至黑色。用光敏电阻测量显示屏上不同色块的感光值可得出表 3.3 所示数据。

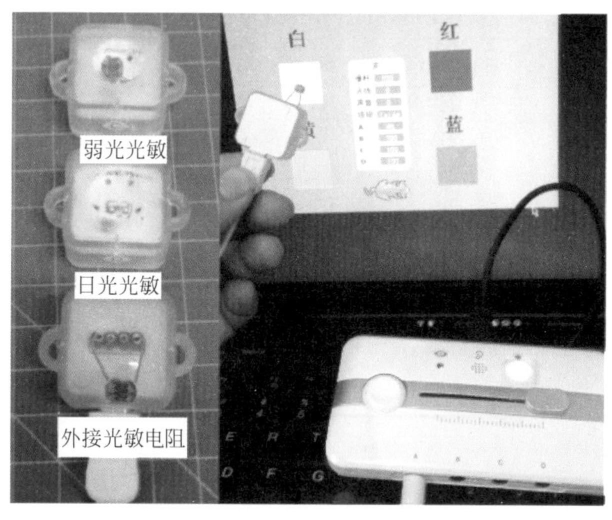

图 3.70　研究不同色块的亮度

在 Scratch 测控板中,有 3 种方式可以感受光线,分别是使用弱光光敏模块、日光(强光)光敏模块和外接光敏模块。前两种模块的区别在于是内部感光元件的特性不同,因此可以使用外接模块,插入一个能够感应显示屏亮度差异的光敏电阻作为感光元件,自制一个光线传感器。此外,在 Scratch 测控板上还有一个光线传感器,它的使用方法与外接的光线传感器相同。

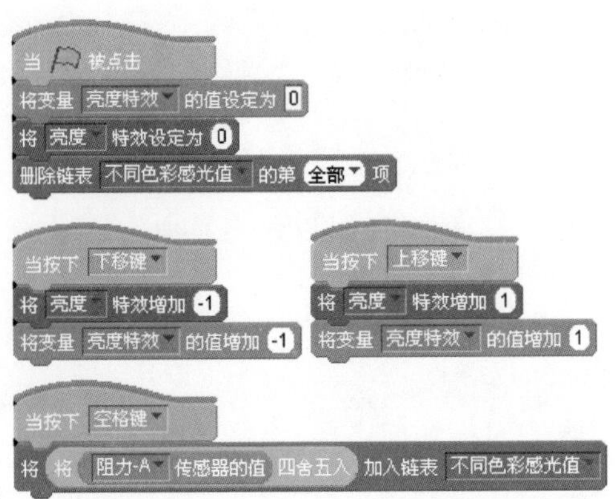

图 3.71 Scratch 语言中的亮度特效

图 3.71 所示的程序用外观中的亮度特效来改变色块的颜色，与此同时选中 阻力-A 传感器的值 中的复选框将其显示在屏幕上，可以用上移键和下移键控制白色色块的亮度，控制的结果通过变量“亮度特效”体现出来。按下空格键可以记录当前端口 A 的数值到链表不同色彩的感光值。表 3.4 记录了将感光探头贴在白色、红色、黄色、蓝色色块时端口 A 的数值，为了省去小数点位数过多的麻烦，使用了“逻辑与数值运算”选项卡中的“将……四舍五入”功能。

表 3.4 **不同色彩的端口 A 的数值**

白色	红色	黄色	蓝色
46	57	49	75

表 3.4 所示的数据说明，如果只有白色、红色、黄色和蓝色，端口 A 可以区分它们。接下来改变亮度特效，使得白色色块逐步变暗，即改变色块的灰度，记录端口 A 数值的变化得出图 3.72。

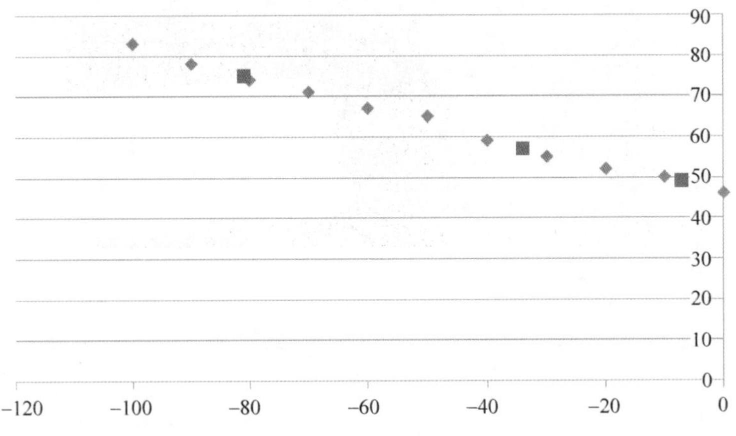

图 3.72 端口 A 数值随亮度特效的变化

可以看出，端口 A 所接的光敏电阻可以区分不同的灰度，图 3.72 中方块所示的数据显示的是当亮度特效为－81、－34、－7 时 A 端口的数值与蓝色、红色、黄色色块时相同，即光敏电阻只能区分不同的灰度，不能区分不同颜色，使用它可以制作一个灰度扫描仪。

因此本节的工程目标应制定为制作一个灰度扫描仪来扫描一个灰度图像，扫描速度和扫描精度应尽可能高。

3.6.2　计算机作为光源的灰度扫描仪

在背景中导入一个坐标系，使用计算机显示屏将坐标系的第三象限设定为一个彩色图样，作为待扫描的图像，如图 3.73 所示。

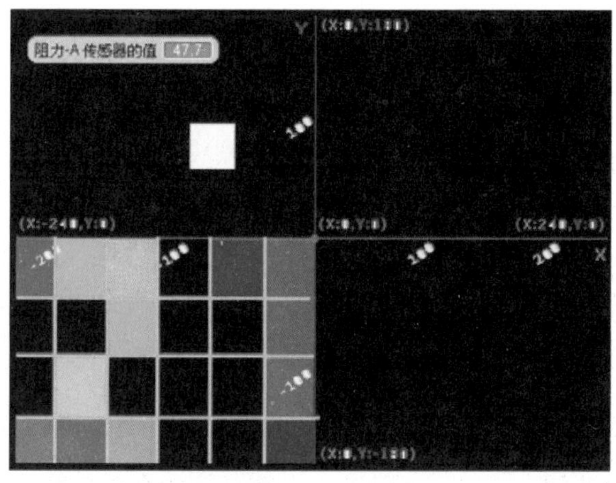

图 3.73　使用带有坐标系的背景绘制一个带扫描的图样

绘制一个方块，用“大小特效”调整其大小与待扫描图案的每个色块基本一致。运用“移到鼠标指针”代码完成角色 1 位置的控制，使用图章功能完成当前灰度的记录，如图 3.74 所示。

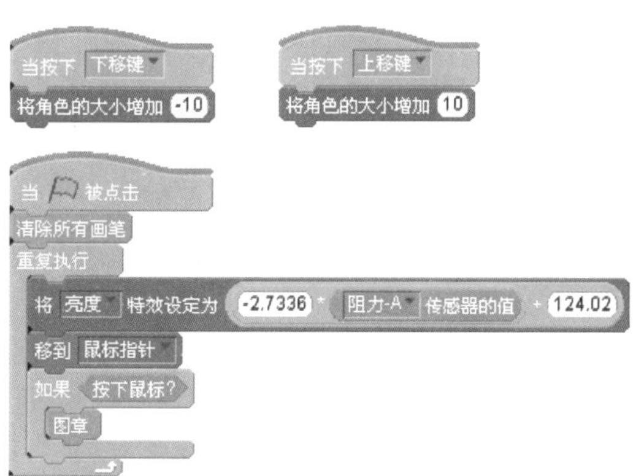

图 3.74　扫描仪程序

用 Excel 绘制散点图，使用添加趋势线功能得到亮度特效与端口 A 数值函数关系，如图 3.75 所示，应用这一关系，就可以使得角色 1 白色色块的灰度能够伴随端口 A 的亮

度变化。如图 3.76 所示，将光敏电阻放在待扫描图像的一个色块上，用鼠标移动角色 1 到合适的位置，按下鼠标左键后，当前灰度被记录在合适的位置上。

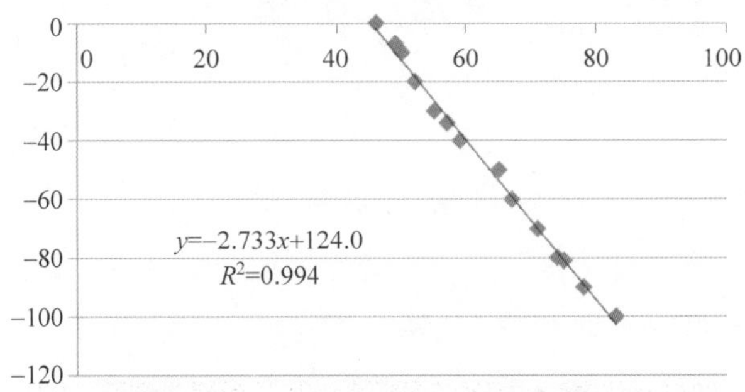

图 3.75　亮度特效与端口 A 数值的关系

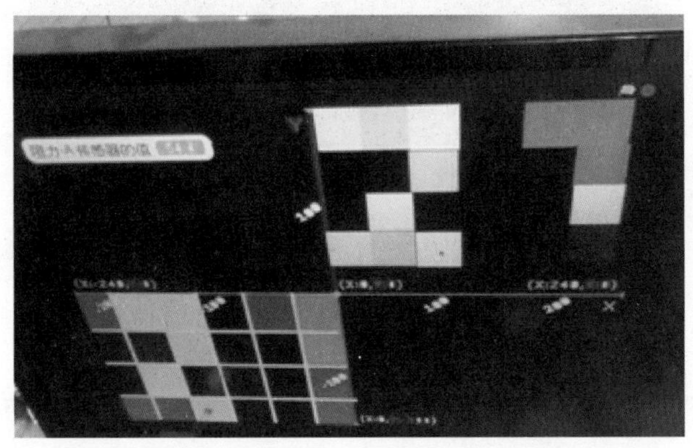

图 3.76　扫描屏幕上的彩色图像生成黑白图像

可以将一个完美灰度扫描仪的制作过程分为 3 个子目标，即“区分不同的灰度”、“移动角色 1 到合适的位置”、“将当前色块灰度记录下来”，逐步探究什么样的代码可以逐步解决这些问题。

使用计算机屏幕作为扫描光源的优点是：光源的灰度容易调节；灰度的影响因素少。缺点是：扫描仪是将纸质图片扫描为电子版，但是上文中待扫描的图案本身就是电子版，扫描的意义就不大了，因此有必要使用真实的图片进行扫描。通过上文可知，如果希望通过端口 A 来侦测某一个模拟量（比如灰度）都需要通过标定实验来完成，标定实验的一般步骤如下：

（1）确定需要研究的模拟量 x 和 Scratch 测控板的某个端口数值的测量方法；

（2）确定模拟量和端口数是否存在稳定的对应关系；

（3）通过标定一组实验记录改变模拟量时不同的端口数值，绘制模拟量与端口数值的散点图并拟合函数；

（4）应用拟合函数通过端口数值得到模拟量数值，检验模拟量数值是否准确，应用模拟量数值实现控制。

图 3.77 是用 Excel 制作的一个待扫描的纸样，左侧打印出不同的灰度，按照 Excel

2003的填充灰度－100、－80、－50、－40、－25和0，用这6阶灰度作为标定实验的灰度标尺。由于纸样本身不发光，因此在纸样和扫描探头之间垫了一层厚度为4mm的玻璃，光线可以从侧面照到纸面上后反射到光敏电阻上，由于深色会比浅色反光更多，因此移动光敏电阻到不同的灰度色块会改变光敏电阻端口A的数值。注意：标定实验过程中手指不能按在光敏电阻上，否则产生的阴影会影响标定实验的结果。

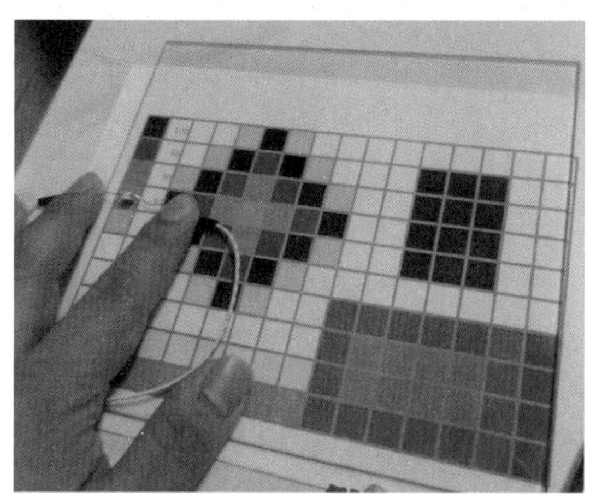

图3.77　需要扫描的纸样

图3.78所示为标定实验程序。标定实验需要确定对于每一个灰度是否有一个稳定的数值，上面的一端代码出现了类似示波器的效果，使用“落笔”功能记录端口A随时间变化的图像如图3.79所示。图3.79表现了从黑色到白色的过程中，端口A数值逐步下降的过程，可以看到对于同一个灰度端口A的数值会有小的波动，为了体现这种波动，端口A的数值采取多次测量求平均值的技巧，在这里使用了“重复执行……次”结构，并且用“分隔”隔开了各组数据。

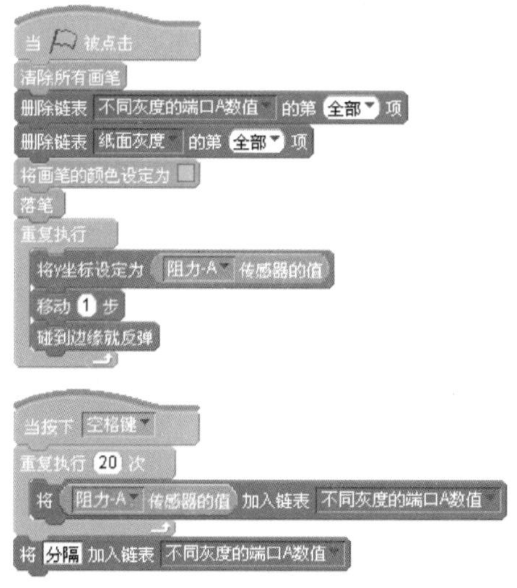

图3.78　标定实验程序

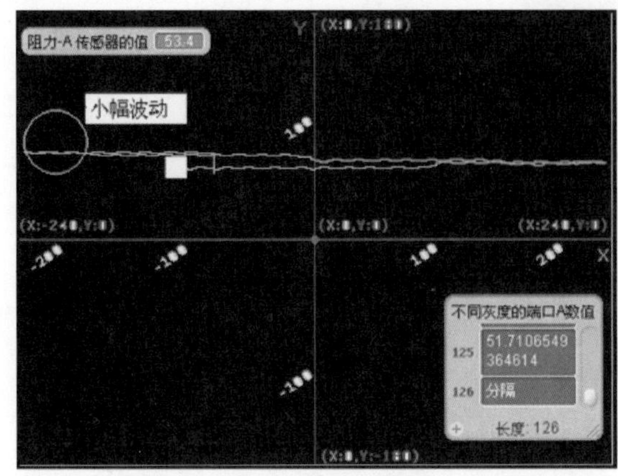

图 3.79 用 Scratch 测控板显示类似示波器的效果

图 3.80 所示为标定实验得出的纸面灰度与端口 A 的关系。为了更好地拟合曲线，更好地符合散点的趋势，选择了二次函数作为拟合函数的形式。

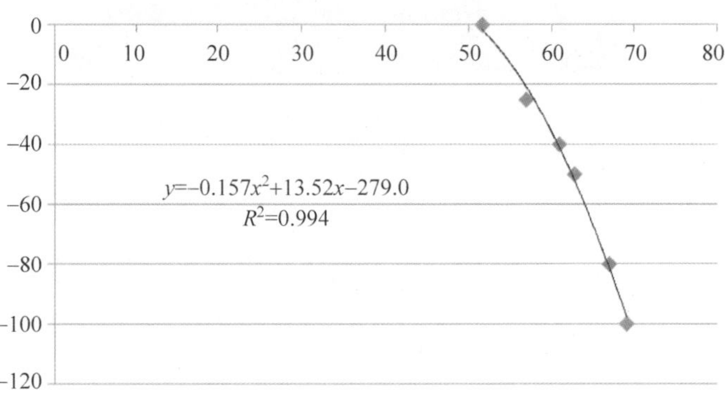

图 3.80 拟合得到的灰度与端口 A 的关系

通过图 3.80 所示的函数替代图 3.75 中的函数，可以完成扫描仪的制作。扫描图样如图 3.81 所示，与图 3.77 所示纸样比较，可以看出扫描图样与纸样基本一致，但是最上角的两个灰度错误，此外同样一个灰度扫描的结果也不尽相同。产生上面误差的原因一方面是自然光的光照有所不同，还有一个重要的原因是端口 A 数值本身就有小幅的波动，如果图章恰好是波峰或是波谷对结果的影响就很大。此外，由于扫描的位置是由鼠标控制的，扫描图像的接缝不甚严谨，这些都需要改进。

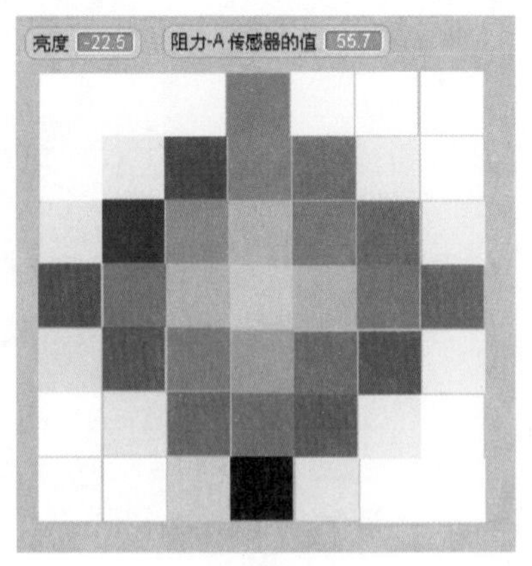

图 3.81 手动控制位置时扫描结果

3.6.3 改进程序使其拼接效果更好

为了抵消端口 A 数值的波动对实验结果的影响，可以选用多次测量求平均值方法抵消这种波动，

运用赋值语句和增加语句将变量“亮度”代表 20 组端口 A 数值的平均值，然后将亮度代入到标定函数中(由于环境光发生了一些变化，需要重新标定)。选用图 3.82 所示的代码，大大减小了灰度的波动。

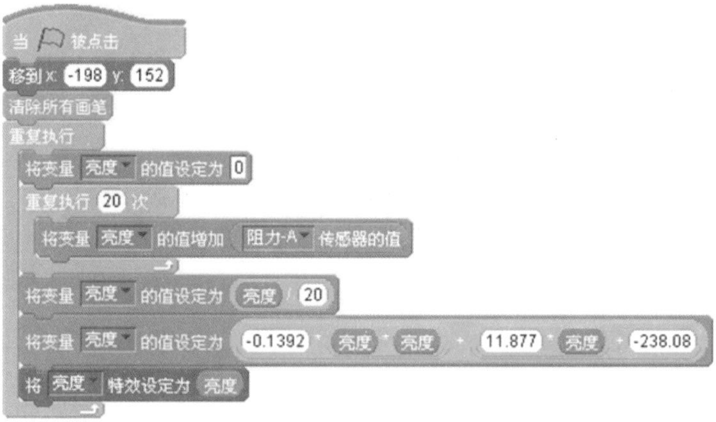

```
当 [旗] 被点击
移到 x: -198 y: 152
清除所有画笔
重复执行
    将变量 亮度 的值设定为 0
    重复执行 20 次
        将变量 亮度 的值增加 阻力-A 传感器的值
    将变量 亮度 的值设定为 (亮度) / 20
    将变量 亮度 的值设定为 -0.1392 * 亮度 * 亮度 + 11.877 * 亮度 + -238.08
    将 亮度 特效设定为 亮度
```

图 3.82　运用求平均值的技巧减少灰度的波动

每个图章正方形边长为 40 像素，逐行扫描每次移动 40 个像素，可以实现无缝拼接。图 3.83 所示的代码选用了两个“重复执行……次”结构。此外，选用鼠标弹起作为图章的触发条件，得到了比较好的扫描图样，如图 3.84 所示。

图 3.83　改进后无缝扫描的程序

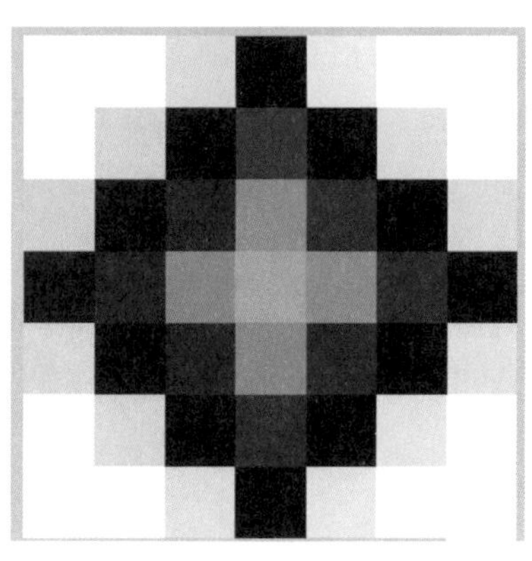

图 3.84　无缝扫描的结果

将图 3.84 所示的图样打印后可知其灰度与原始纸样保持一致，验证了标定实验的准确性。

在本案例中，认识了一个重要的感光元件——光敏电阻的用法，发现光敏电阻感光越强，A 端口的数值越小，结合之前理解的当 A 端口断开时为 100，直接连接时为 0 的经验，可以猜想，光敏电阻的阻值应该伴随着光线的增强而减小。事实上，如果使用如图 3.85 所示的激光笔直接照射光敏电阻，A 端口的数值甚至会降为 0，相当于按下了一个按键。如果是这样，能否用激光笔作为按下按键的手指，光敏电阻作为按键，制作一个电子琴呢？

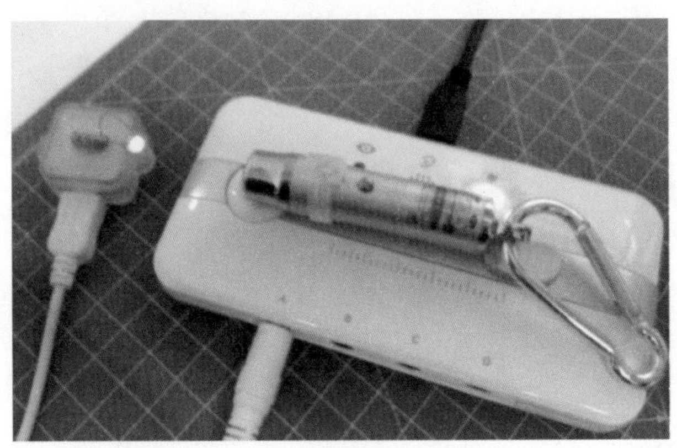

图 3.85　用激光笔照射光敏电阻

3.7　曲线关系的标定提高——光场的研究

之前将光敏电阻作为光传感器使用，利用 Scratch 测控板的 A 端口，还可以用光传感器来探究光场，即光强度的空间分布情况。我们将多个实验逐步深入，以全面了解光场的各种特性。光线传感器是一种最常用的传感器，本节将介绍如何通过光敏电阻进行一系列更为复杂的实验。

3.7.1　探究 LED 灯的等效功率

本实验所用光源是高亮度 LED 灯，这是一种亮度较高的发光二极管。作为照明光源，一个基本问题就是它有多亮，这个问题可以通过照度计研究，也可以通过相对亮度来说明，即它的亮度相当于多少瓦的白炽灯。这种方法在实际生活中很常用，比如一般的节能灯泡的说明书上都会注明其相当于多少瓦的白炽灯。为了研究此种 LED 的功率，将其与一普通小灯泡并排放置，小灯泡通过电压可调的学生电源供电，当放置在光源正前方相同距离的光传感器示数相同时，可以通过此时小灯泡的功率来估计 LED 灯光强的等效功率。

为了便于观察，在程序方面利用如图 3.86 所示程序来自动提示端口 A 数值。

硬件装置上，将光传感器的两个引脚使用双头夹连接线连接到端口 A 上，并适当固定 LED 灯与小灯泡。为了保证 LED 灯及小灯泡与光敏电阻距离一致，在桌面上做出标记，而后将小灯泡灯丝位置及 LED 二极管位置与标记对齐。此外，还应注意调整光敏电阻高度，使其与光源中心平齐，只有这样才能最大限度地模拟点光源的效果。实验装置如图 3.87 和图 3.88 所示。

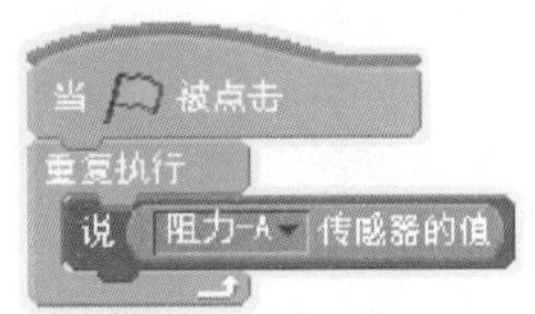

图 3.86　显示 A 端口数值

用 LED 灯照射光敏电阻时，端口 A 数值为 60，改用小灯泡照射光敏电阻，通过学生电源改变其亮度，当 A 端口数值为 60 时，读出学生电源上小灯泡两端电压为 3.8V，通过

图 3.87 记录 LED 灯照射到 A 端口上的光敏电阻后的数值

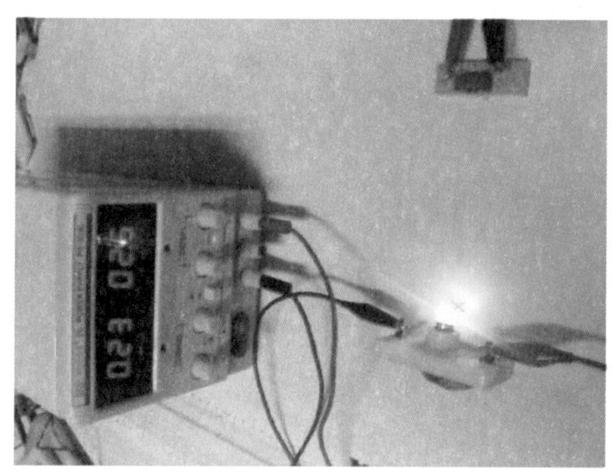

图 3.88 改变小灯泡实际功率使其与 LED 亮度相当

小灯泡的电流为 0.28A，小灯泡实际功率为 1.06W，即 LED 灯亮度与 1.06W 的小灯泡亮度相当。而 LED 手电筒上的标示指出该手电筒的最大功率为 0.005W，这个数据是小灯泡功率的 1/200，可见使用 LED 灯代替节能灯还是很有意义的。

3.7.2 探究光强与距离的关系——制作一把光尺

LED 在空间中形成一个光场，这个光场是三维的，比较自然的研究路径是先沿着光的传播方向研究，再研究垂直于光的传播方向的情况。在生活中都可以感到，距离光源越远时光强越弱，利用 Scratch 测控板可以定量地研究光强与光源距离之间的关系。在实验中设计将 LED 灯与光敏电阻放置在桌面的尺上，调整光敏电阻与光源的距离，利用 Scratch 程序记录光敏电阻的测量值，实验装置如图 3.89 所示。

实验中要注意移动光敏电阻时一定要在一条直线上，另外为了方便移动且保持光敏电阻与 LED 灯等高，使用了一个乐高积木块固定光敏电阻，这样就可以使光敏电阻角度始终恒定，使实验效果更好，如图 3.90 所示。

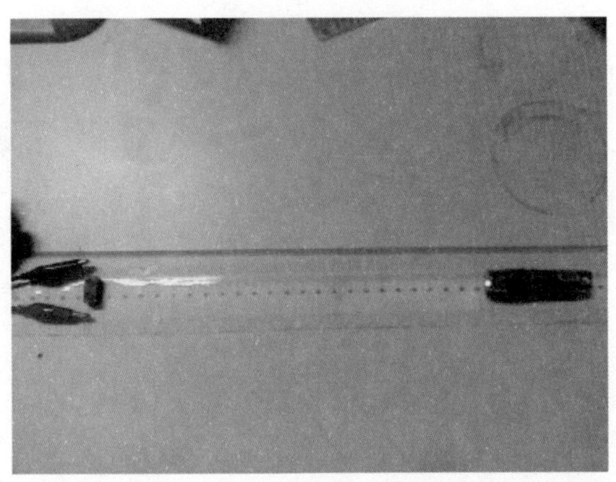

图 3.89　用一把尺子研究 LED 光场在传播方向上的分布

图 3.90　光敏电阻的固定

对于 Scratch 程序，为了便于采集数据，设计了按一下空格键采集一次数据的小程序，如图 3.91 所示。

在实验中，将光敏电阻从距离光源 10cm 移至距光源 60cm 远处，每隔 2cm 按一次空格键采集端口 A 示数，得到的数据链表如图 3.92 所示。

将数据链表输出为.txt 文件并导入到 Excel 软件中，在距离一栏中手动输入距离，得到的数据表部分如图 3.93 所示。

图 3.91　采集数据的 Scratch 程序

图 3.92　数据链表

距离 /cm	端口A
2	11.73021
4	21.11437
6	28.64125
8	35.77713

图 3.93　Excel 数据表

以横轴为端口 A 数值，以纵轴为距离，作出散点图，而后选用线性、指数、对数、多项式 4 种函数模型进行拟合，发现指数型匹配效果较好，R^2 值达到 0.99 以上，如图 3.94 所示。得到拟合关系式后，就可以利用端口 A 数值来估计光敏电阻与光源之间的距离，即实现了一把“光尺”的功能。在实际实验中，光尺的精度可以达到 0.5cm。但是要注意由于光敏电阻对光线的高度敏感，光尺只适用于和测定函数关系时相同的环境，并且要注意保持前后环境光基本不变，只有这样光尺才能比较准确地测量距离。

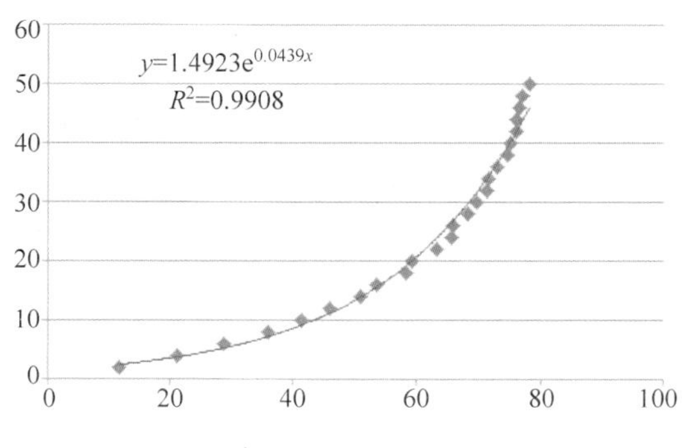

图 3.94　数据拟合曲线

虽然从精度及使用要求看，光尺并不具有实际使用价值，但是通过设计实验—采集数据—函数拟合—应用函数这一系列过程，我们体验了将科学探究应用到实际生活的过程。

在改进实验仪器方面，可以将 LED 灯和光敏电阻共同装入用黑胶带缠好的吸管中，隔绝外界光源后，可以使得该“光尺”更为准确。

3.7.3　探究平面光场的光强

下面探究在垂直于传播方向的平面上各点场强的分布情况。从直观上可以知道，光源竖直照射在平面上会形成圆形光斑，其光强从中心到边缘逐渐减弱，而现在我们希望使用数字科学手段，定量地探究平面光场各点的光强。

第一种方式可以类比磁场，绘制光强的“等强线”。在平面上放置白纸或者磁性写字板，紧贴平面不断移动光敏电阻，在端口示数相同（如 80、70、60 等）的位置处在平面上做标记，连接各点就可以形成等光强线，理想的图形应为一系列同心圆。

第二种方式则是利用信息技术手段，直接绘制模拟的平面光场。具体的实现方法为：平面上放置一个数位画写板，利用它可以把板上的点与屏幕上的点一一对应，即实现移动笔时鼠标在屏幕上同步移动；在画写板的电磁笔上固定光敏电阻，制作可以用于扫描光场的扫描头；在 Scratch 软件中编写程序，实现扫描绘制光场。实验装置如图 3.95 所示。

制作扫描头时，要注意使电磁笔成一定角度倾斜时，光敏电阻竖直向上，扫描过程中光敏电阻绝对不能松动，否则会极大影响测量结果。制作好的扫描头如图 3.96 所示。

打开 Scratch 软件，创建一个新的角色，编辑其为一个红色小方块，稍后将利用这个角色跟随鼠标运动，并在屏幕上留下不同颜色的印记以体现端口 A 的不同示数。按 Z 键

图 3.95　扫描光场的实验装置

图 3.96　制作好的扫描头

后随着鼠标移动，屏幕上的方块应会留下图章痕迹，按 X 键时程序停止，编写这段程序时应先不给出程序，以让学生复习前面学过的循环控制知识。按动 C 键清除所有图章痕迹以重新扫描。程序如图 3.97 所示。

```
当按下 z
重复执行直到 〈按键 x 是否按下？〉
    移到 鼠标指针
    将 颜色 特效设定为 (阻力-A 传感器的值)
    图章

当按下 c
清除所有画笔
```

图 3.97　用颜色特效扫描光场的 Scratch 程序

由于数位板上的点与屏幕上的鼠标位置一一对应，所以程序运行时需要将其全屏显示。按住 Z 键，手握电磁笔，紧贴数位板，保持角度不变缓慢逐行移动，同时观察屏幕上的图像，调整扫描速度。对于 LED 灯竖直下射的情形，最后得到的光场扫描图像如图 3.98 所示。

此外，还可以研究该光场的不同截面，而后将 LED 灯距平面一定高度（3cm 左右）水平放置，扫描这时在平面上产生的光场，如图 3.99 所示，可以看到多光场的外形呈抛物线状，与此同时，光在传播过程中光场变弱。

图 3.98　垂直下射光源的光场

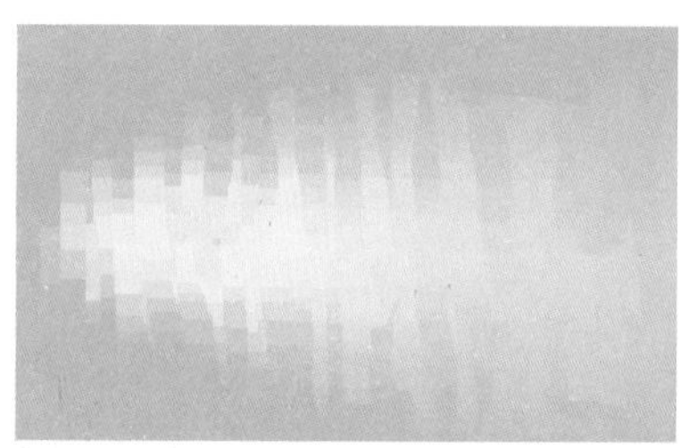

图 3.99　水平出射光源的光场

如图 3.100 所示，当把表示不同光线强度的颜色范围变得更加广泛后，能够看到原本干涩的科学知识变得如此的绚烂和美妙。Scratch 测控传感器的出现，使得用户可以自编一个 DIS 实验系统，选择实验结论的表述方式，这是一个重大的突破。

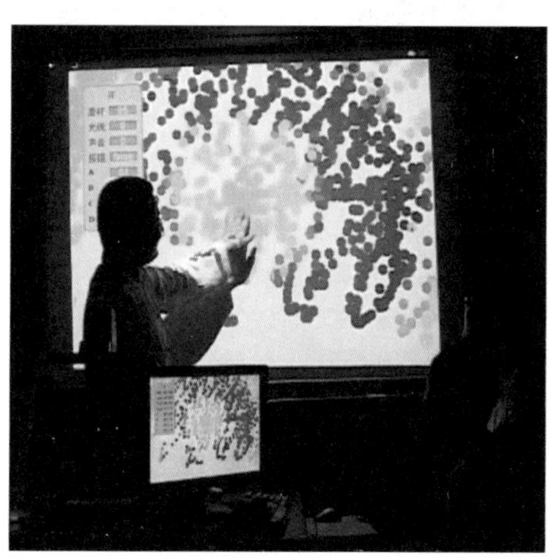

图 3.100　用绚丽的颜色将光场可视化出来

3.8　曲线关系的直化——用 Scratch 测控板测电阻

众所周知，Scratch 测控板的 A 端口，当接入电阻为 0 时，A 端口数值为 0，A 端口接入电阻为无穷大时，A 端口数值为 100。说明 A 端口的数值与 A 端口的接入电阻存在对应关系，这种对应关系可以通过标定实验研究。

3.8.1 实验装置

实验之前，将一些 1kΩ 的电阻串联起来，已知两个 1kΩ 的电阻首尾连接之后其阻值为 2kΩ，n 个 1kΩ 电阻首尾连接之后其总阻值为 nkΩ。一般情况下，定值电阻都会像图 3.101 一样，两端用绝缘的胶带固定，其实它们是彼此分开的，用铜箔将它们首尾连接起来，这样不会破坏电阻原本的结构，较将两个电阻的连接处拧成麻花状的串联方法要更节约一些。但是要注意，铜箔内侧的胶带是不导电的，因此需要将一片宽铜箔和一片窄铜箔胶对胶地粘起来，然后用这种特制的、背面有导电区的铜箔来串联电阻。

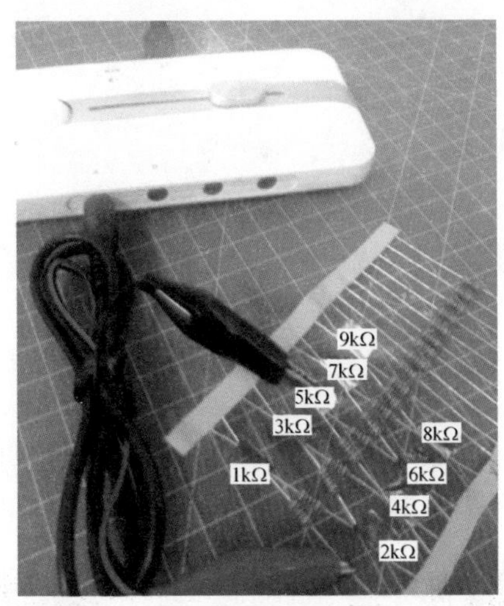

图 3.101 将串联的铜箔连接到 Scratch 测控板上

实验计划是先确定是否存在稳定的对应关系，接下来采集标定数据，寻找合适的标定函数，最后对标定函数进行检验和应用。

3.8.2 确定稳定的对应关系

A 端口接入一个 10kΩ 的定值电阻，用示波器功能侦测 A 端口数值，看它是否能够保持不变，如图 3.102 所示。

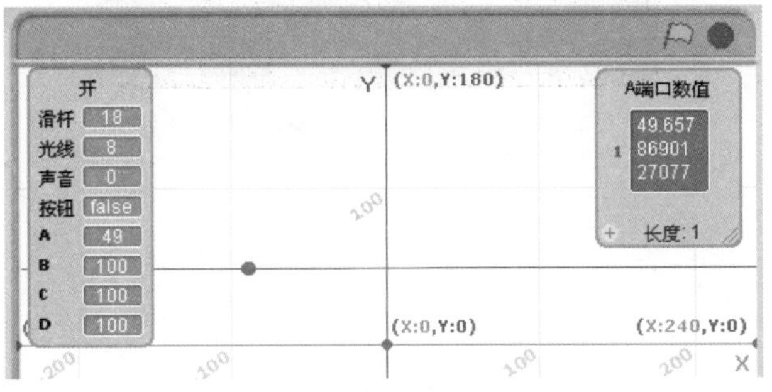

图 3.102 端口 A 数值的稳定性

实验发现，A 端口数值为 49.657 保持不变，这说明存在稳定的对应关系。接下来就可以改变接入电阻的阻值进行标定试验了。

3.8.3 标定实验

用串联多个 10kΩ 和 1kΩ 电阻的方法，改变接入电阻的阻值，用链表记录 A 端口的数值，将数据记录在表 3.5 中。

表 3.5　端口 A 数值与接入电阻的关系

电阻 R/kΩ	A 端口数值	电阻 R/kΩ	A 端口数值
0	0	9	47.214
1	8.895	10	49.658
2	16.422	20	66.471
3	22.874	30	74.878
4	28.348	40	79.863
5	33.236	50	83.284
6	37.341	80	88.856
7	40.958	100	90.909
8	44.282	无限大	100

用表 3.5 中的数据绘制散点图，如图 3.103 所示。选择不同的拟合函数，发现 Excel 的函数不能很好地拟合散点，拟合效果最好的对数函数在 10kΩ 以上都不能很好地表现出曲线的趋势，更重要的是对数函数在电阻为无穷大时，数值也为无穷大，而实验数据发现电阻为无穷大时，A 端口数值应趋近于 100。所以需要重新选择标定函数。

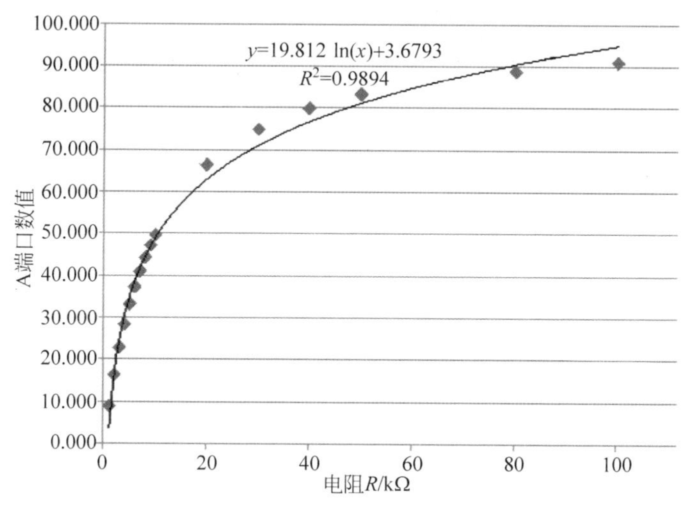

图 3.103　用 Excel 拟合函数

3.8.4 曲线的直化

根据电阻阻值为无穷大时，A 端口数值趋近于 100 这一现象，猜想曲线的形式为反比

例函数的变形，猜想函数类型为

$$A = 100 - \frac{k}{R} \tag{3.1}$$

但是该函数过(0,0)点，显然函数式(3.1)的形式不符合该条件，猜想函数的形式为

$$A = 100 - \frac{k}{R + b} \tag{3.2}$$

将(0,0)点代入式(3.2)中，得到 k 与 b 的关系为 $k=100b$，得出猜想函数形式为

$$A = 100 - \frac{100b}{R + b} \tag{3.3}$$

此时，如果将一组 R 和 A 的数值代入式(3.3)当中，就可以求出 b 的数值，但是我们期望能用拟合的方法求出更为精确的结果。

曲线直化的目的是寻求 A 与 R 或者 R 与 A 的一次函数关系，求出参数 b 的数值。

式(3.3)不是一次函数的形式，将式(3.3)变形得出

$$R = b\frac{A}{100 - A} \tag{3.4}$$

设 $x=\frac{A}{100-A}$，将表3.4中的 A 计算为 x，将 R 与 x 进行线性拟合得出参数 b，根据单位的对应关系 R 的单位为kΩ，因此 b 的单位也应该是kΩ，如图3.104所示。

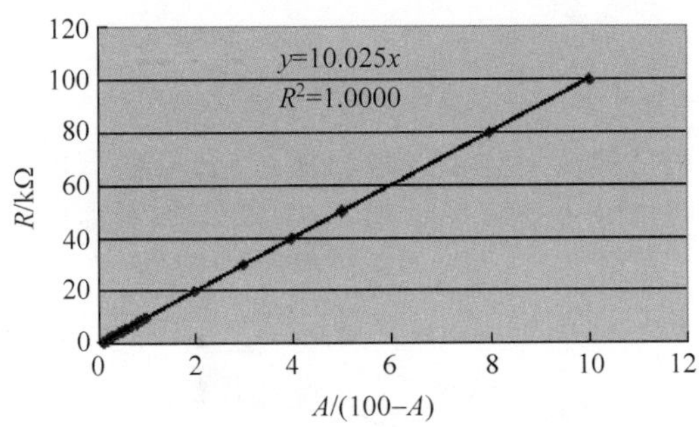

图3.104 曲线的直化

得出参数 b 的数值为 $b=10.025$kΩ，可以简化 b 为10kΩ

$$R = \frac{A}{100 - A} \times 10\text{k}\Omega \tag{3.5}$$

如果已知电阻 R 的数值，其A端口数值为

$$A = 100 \times \frac{R}{R + 10} \tag{3.6}$$

3.8.5 检验并修正

将10kΩ的电阻接入到端口A后，如图3.105所示编写程序测得电阻为9.889kΩ。

误差产生的原因是Scratch测控板上的贴片电阻的阻值不是准确的10kΩ。设贴片电阻为 R_0。根据10kΩ时A端口数值为49.659列方程求得

$$10 = R_0 \times \frac{49.659}{100 - 49.659}$$

图 3.105 测定电阻阻值的代码

解得 $R_0=10.137\text{k}\Omega$。

修正后的测量公式为

$$R=10.137\times\frac{A}{100-A} \tag{3.7}$$

用这种算法测得 20kΩ 电阻的阻值为 20.009kΩ，测量精度达到较高的水平。但是一般来讲，用式 3.5 计算电阻已经足够。

3.8.6 讨论

在曲线直化之后，得到了一个很好的函数关系后，常常需要解释这个函数关系背后的物理背景是什么。比如，式(3.5)中参数 10 的单位是什么？A 是一个没有单位的量，因此 $\frac{A}{100-A}$ 也是一个没有单位的量，因此 10 的单位应该与 R 一致，为 kΩ。

因此标定函数应该写为

$$R=10.137\times\frac{A}{100-A} \tag{3.8}$$

为了简化计算，可以将 10.137kΩ 简写为 10kΩ，但是这个 10kΩ 的电阻与 Scratch 测控板上的电路是如何联系的呢？

将式(3.6)变形后发现

$$\frac{R}{10\text{k}\Omega+R}=\frac{A}{100} \tag{3.9}$$

根据式(3.7)发现其与串联电路的分压规律类似，(10kΩ+R)可以视为总电阻，100 可视为总电压，R 可视为外接电阻，A 可视为 R 两端的电压。事实上，从 Scratch 测控板的电路来看，确实与 A 端口接入的外接电阻串联了一个 10kΩ 的定值电阻，其电路如图 3.106 所示。

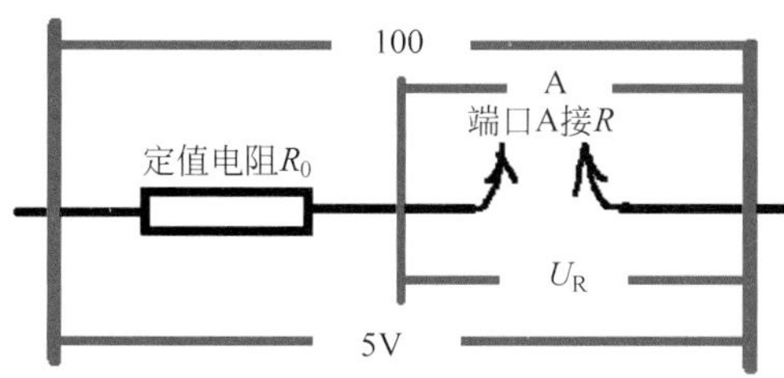

图 3.106 Scratch 测控板 A 端口电路

因此 A 实际上是 Scratch 测控板测出 R 两端电压后换算到 0～100 后的结果，其换算关系为

$$A = 100 \times \frac{U_R}{5V} \tag{3.10}$$

虽然A端口在芯片中测定的是电压,但是不能将电池接入到A端口中,因为程序在设计中只有一个电源,就是计算机的USB电源5V。既然Scratch测控板可以用来测电阻,那么如果已知电阻型传感器的阻值和其物理量之间的对应关系,就可以将其转换为物理量和A端口数值之间的关系。换句话说,如图3.107所示的热敏电阻、湿度敏感电阻、电阻型压力传感器,购买这些原件时,都可以找到测量量和阻值的对应关系,将式(3.5)代入其中,就可以根据A端口的数值来求出对应的物理量了。如果没有找到对应的公式,也可以通过之前介绍的标定实验来解决问题。

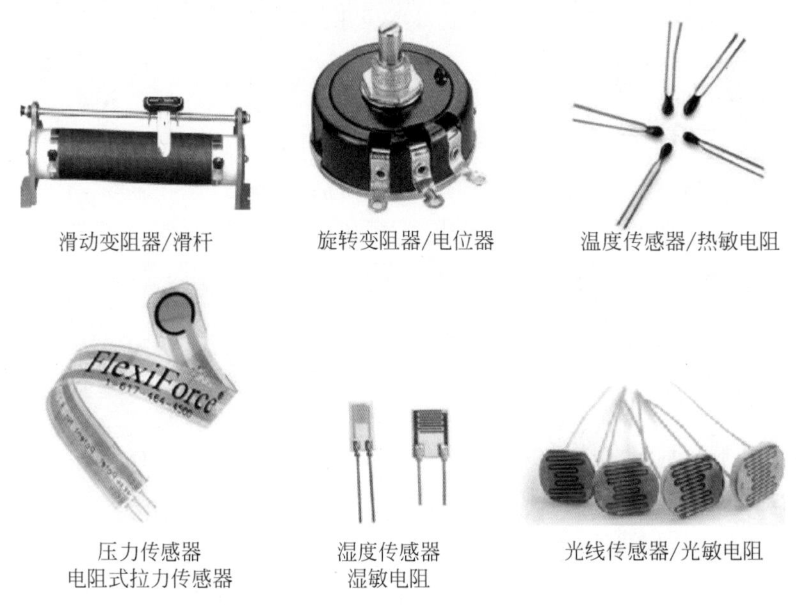

图3.107　常见的电阻型传感器

为了提高有些型号的Scratch测控板的测量精度,通过电路设计标定后的A端口数值公式与式(3.6)不同,如果是这种情况,会在其说明书中注明。

$$A = \begin{cases} 140 \times \dfrac{R}{R + 10\text{k}\Omega}, & R \leqslant 25\text{k}\Omega \\ 100, & R > 25\text{k}\Omega \end{cases} \tag{3.11}$$

3.9　如何通过测量实现精确的控制

通过之前的章节,大家应该对如何研究传感器有了一个清晰的了解。当发现一个稳定的现象时,就可以通过研究的方法,找到Scratch的一个感测量和这个稳定现象之间的关系,并且用数学工具研究它。这个过程是一切传感器研究的通用过程,物联网时代解放了人类自身,一系列的传感器帮助人们知道周围有哪些物体,这些物体的状态是什么?这需要获取一系列的有关该物体的信息,并且对这些信息进行分析,传感器就是获取这些信息的手段。物联网其实并不神秘,举最简单的例子,现在邮寄一个包裹或者网购一个产

品，可以在网站上查询到这个包裹目前在哪里，这个信息是通过每个包裹上的条形码和每个地点的扫码机来完成的。扫码机是一个类似于摄像头的设备，包裹到了一个地方，扫码机扫描包裹时，会通过物联网同步位置信息，让人们知道包裹在哪里，这一切在十年之前还是难以想象的，未来会越做越好。研究一个测控传感器的最终目的还是要控制输出，本节将研究一个最重要的输出设备——电机。

对于任何一个输出设备的控制，首先关注的是它是否工作，其次才是工作得怎么样。所以首先编写一个控制电机转动和停止的程序，如图 3.108 所示。

```
当 被点击
将变量 电机转速 的值设定为 50
将变量 电机状态 的值设定为 0
输出模式 默认
将输出参数设定为 电机转速
关闭输出设备
如果 传感器 按下按钮 就重复执行
    直到 传感器 按下按钮 不成立 前都等待着
    将变量 电机状态 的值增加 1
    如果 电机状态 除以 2 的余数 = 1
        打开输出设备
    否则
        关闭输出设备
```

图 3.108 用按钮控制电机的转动和停止

利用计数器的原理，记录按下按钮的次数，每按一次按钮，变量“电机状态”加 1，此时电机状态的奇偶性质也发生改变，即除以 2 的余数发生变化，因此通过一个按钮，就可以控制电机的打开和关闭。

输出设备连接电机时，输出参数的意义是提供给电机能量，参数从 0～100 变化，参数越大能量越多，大于 100 时按 100 提供能量。打开电机时，用变量“电机转速”来控制电机的转动速度，即控制输出参数的数值。如图 3.109 所示，可以用按钮 4 方向键的上、下键来控制当前电机输出的数值。

```
当 被点击
如果 传感器 B 已连接 就重复执行
    直到 传感器 B 已连接 不成立 前都等待着
    将变量 电机转速 的值增加 5
    将输出参数设定为 电机转速

当 被点击
如果 传感器 A 已连接 就重复执行
    直到 传感器 A 已连接 不成立 前都等待着
    将变量 电机转速 的值增加 -5
    将输出参数设定为 电机转速
```

图 3.109 用按钮方向键控制电机的转速

在图 3.109 中，电机转速的改变单位是 5，如果期望控制更为精确，可以将这个数值改为更小的数值。

此外电机控制的最后操作是控制电机的转动方向，每台电机的后面一般都有一根红线、一根黑线，当把红线接到红色鳄鱼夹上，黑线接到黑色鳄鱼夹上时，选择输出模式为“默认”，此时，将风扇面向自己，一般该电机都是顺时针转动的。如图 3.110 所示，可以使用按钮方向键的左、右方向键来控制电机的转动方向，这样就实现了对一台电机的完全控制。

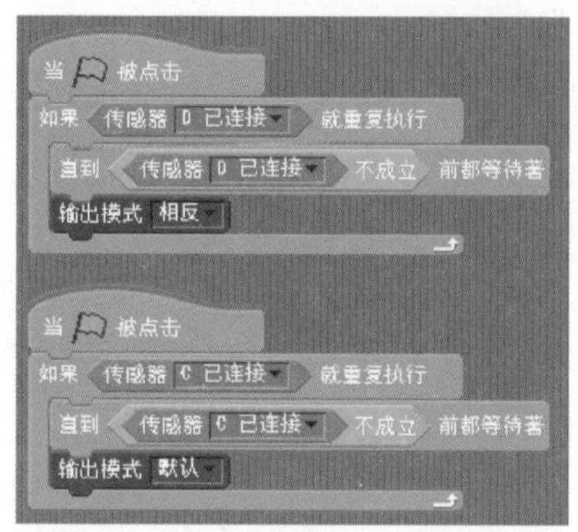

图 3.110 用按钮方向键控制电机的转动方向

至此，完全控制了一台电机的所有状态。这台电机可用来拉起物体、转动风扇、打开门闩、抬起滑杆……总之，各种输出的可能性都需要大家共同思考。另外，由于 Scratch 测控板有两个电机输出端口，还可以接两台电机制成一辆小车，配上无线 USBhub，还可以遥控这辆车。

上面的“电机转速”变量只是一个笼统的表达，电机转速有一个标准的表述方式，就是每分钟转多少转。既然需要测量电机的转速，就需要一个测量装置来帮助测量电机的转数。如图 3.111 所示，将电机表面用医用纸胶带粘上，以保证表面绝缘；在电机的侧面放一个光敏电阻，将光敏电阻用纸胶带固定在电机上，露出光敏电阻的接线柱，然后将光敏电阻接到 A 端口上，将电机接到输出端口上。

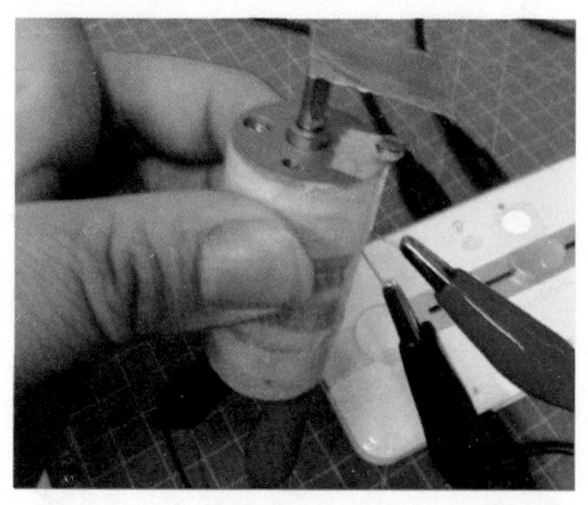

图 3.111 用光敏电阻监测电机的转速

电机的顶部粘有一片铜箔，这片铜箔可以作为风扇的扇叶，电机每转动一圈，铜箔挡住光敏电阻一次，光敏电阻的阻值增加一次，A 端口的数值也增加一次。为了描述电机转动时 A 端口数值的变化，可以使用图 3.112 所示的程序，打开电机 5s，用一个可视化的方法记录 A 端口数值的变化。

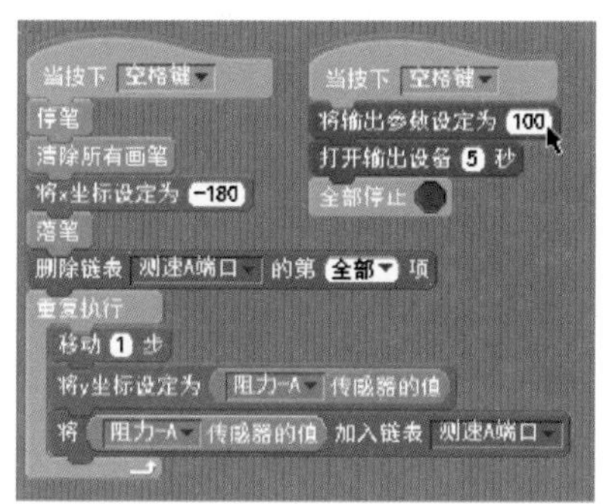

图 3.112　监测电机转动时 A 端口数值的变化

在电机转动时，A 端口的数值在稳定地上下波动，如图 3.113 所示。鼠标所指的位置为 59，就是一个能够区分光敏电阻是否被挡住的数值。从图 3.113 中可以看出，这个数值是相对稳定的，像这种能够区分两种状态的数值，称为阈值。

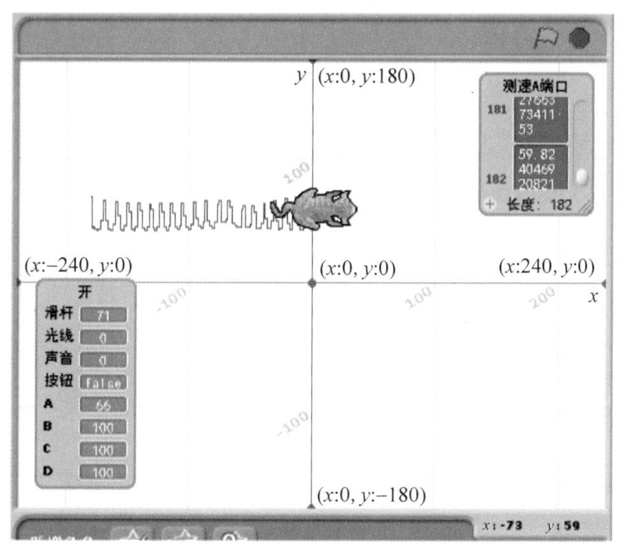

图 3.113　监控电机转动时 A 端口的状态变化

当找到这个阈值后，就可以编写如图 3.114 所示的程序，测量 5s 内电机的转数。

接下来，为了确定电机转数是一个稳定的测量量，可以多次测量转数。从图 3.115 可以看出，转数是一个稳定的测量值。

既然输出设备参数和电机转数之间存在稳定的对应关系，因此可以通过一个标定实验，确定输出设备参数和电机转数之间稳定的对应关系，如图 3.116 所示。

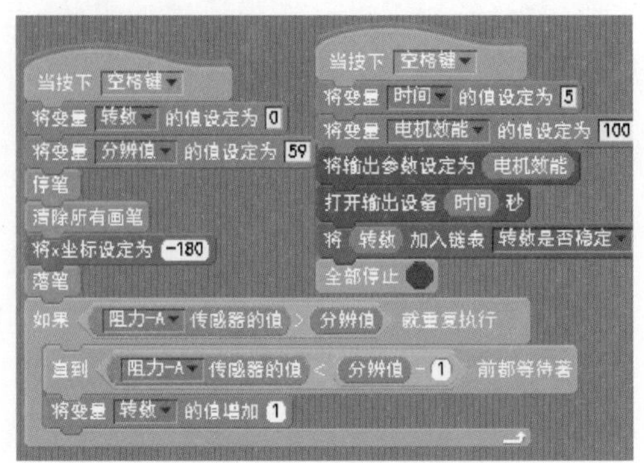

图 3.114　编写程序设定电机的转数

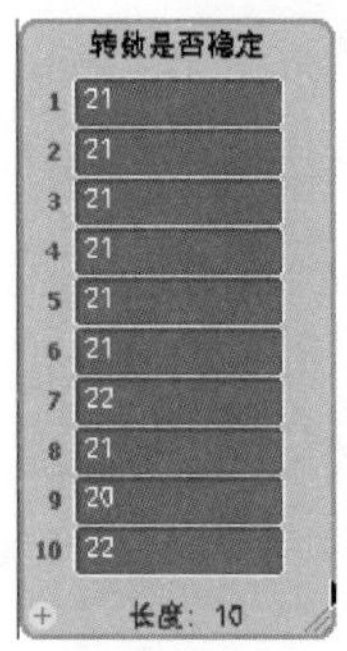

图 3.115　多次测量确定电机转数是否是一个稳定数值

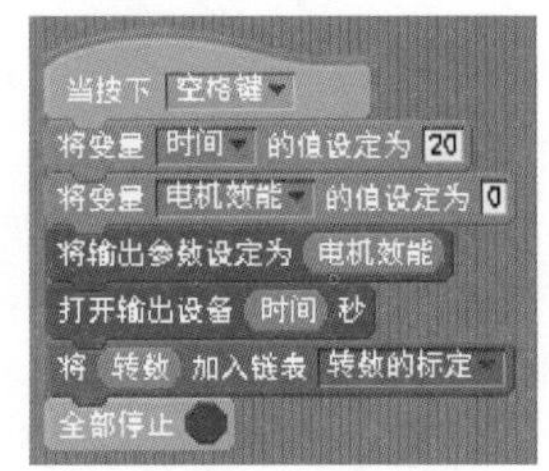

图 3.116　标定输出设备参数和电机转数之间的关系

得到的实验数据如表 3.6 所示。

表 3.6　输出参数和 20s 内电机转数之间的关系

输 出 参 数	20s 的转数	1min 的转数
10	7	21
20	17	51
30	25	75
40	33	99
50	45	135
60	53	159
70	63	189
80	72	216
90	81	243
100	89	267

希望可以预期一个 20s 内的转数，输入这个转数，就能够输出一个电机参数控制电机，因此需要通过图 3.117 所示的拟合趋势线找到计算公式。

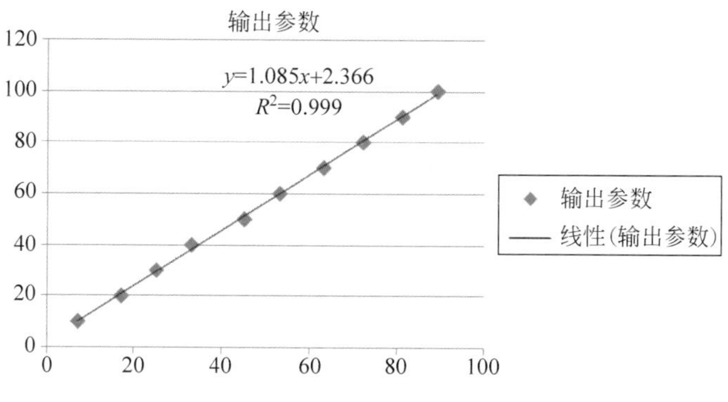

图 3.117　拟合电机转数控制函数

将电机转数控制函数代入图 3.118 所示的程序中，发现确实可以很好地控制电机 20s 内的转数。

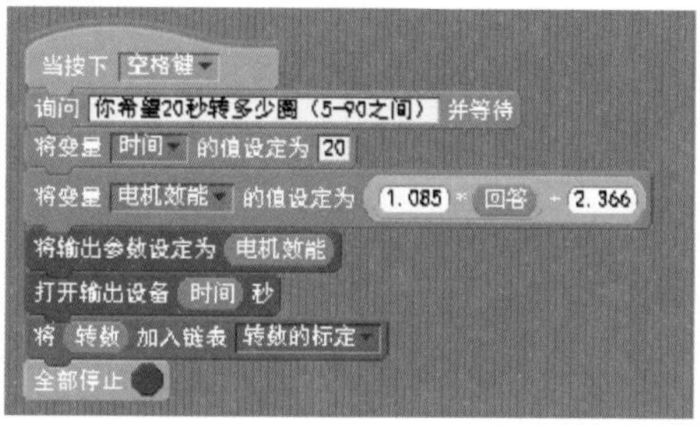

```
当按下 空格键
询问 你希望20秒转多少圈（5-90之间） 并等待
将变量 时间 的值设定为 20
将变量 电机效能 的值设定为 (1.085 * 回答) + 2.366
将输出参数设定为 电机效能
打开输出设备 时间 秒
将 转数 加入链表 转数的标定
全部停止
```

图 3.118　控制电机 20s 转数程序代码

为了节省时间，上面的程序中电机转动了 20s。如果采用电机转数的标准定义，用 1min 的时间测转数，标定结果将会更加准确。

至此，完成了对电机的研究。

Labplus Scratch 测控板的输出电压为 5V，供电电流为 0.1A，最大输出功率为 0.5W，这意味着，像白炽小灯泡、电热丝这样的物品都可以通过 Scratch 测控板供电。除此之外激光笔手电筒的内部有 3 节 1.5V 的电池供电，总电压为 4.5V，与 Scratch 测控板的输出电压接近，它也可以用 Scratch 测控板供电。Scratch 测控板提供了 USB 供电输出功能，像 USB 小风扇、USB 加湿器这类物品，如果它的说明书上标示的工作功率小于 0.5W，也可以通过 Scratch 测控板来控制。未来更加广阔的应用正在等待着大家去创造。

附　　录

Labplus Scratch Box 套件说明

Scratch 测控板

通过标准 Mini USB 接口与计算机连接，自带五向键、滑杆、光线强度传感器、声音传感器、4 路阻性输入接口及 2 路输出接口。

按键传感器

轻触按键，Mini USB 接口，小型化设计。当接入 Scratch 测控板阻性输入接口时，按下按键，软件侦测到对应阻力传感器的值会发生相应变化。

倾斜角度传感器

可测量 3 个方向的角度，Mini USB 接口，小型化设计；当作阻性电阻被输入时，软件侦测到相应的值发生变化，并随倾斜角度的不同而改变。

声音传感器

Mini USB 接口，小型化设计；当接入 Scratch 测控板阻性输入接口时，软件侦测到的对应阻力传感器的值的大小与感应到的声音强度成正比。

倾斜角度传感器

Mini USB 接口，小型化设计；当接入 Scratch 测控板阻性输入接口时，软件侦测到的对应阻力传感器的值会与感应到的光线强度成正比，能够感应弱光的变化。

光线强度传感器

Mini USB 接口，小型化设计；当接入 Scratch 测控板阻性输入接口时，软件侦测到的对应阻力传感器的值会与感应到的光线强度成正比，能够感应强光的变化。

通用阻性传感器

可连接各种阻性探头，Mini USB 接口，小型化设计。

距离传感器

Mini USB 接口，小型化设计；当作阻性电阻被输入时；软件侦测到传感器的值发生变化，并随距离的不同而改变。

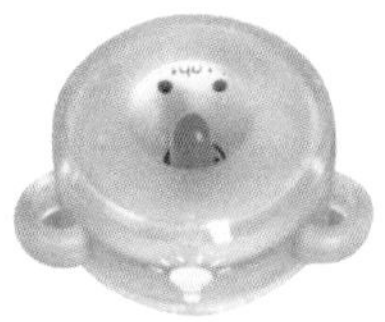

红色 LED 指示灯

直径 3mm，红光，Mini USB 接口，小型化设计，可由 Scratch 测控板控制。

蓝色 LED 指示灯

直径 3mm，蓝光，Mini USB 接口，小型化设计，可由 Scratch 测控板控制。

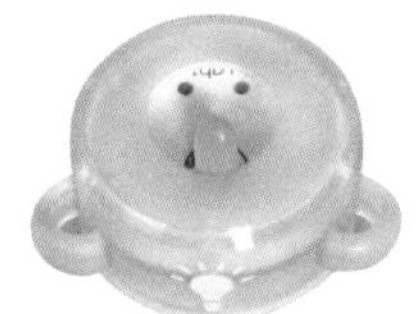

绿色 LED 指示灯

直径 3mm，绿光，Mini USB 接口，小型化设计，可由 Scratch 测控板控制。

白色 LED 指示灯

直径 3mm，白光，Mini USB 接口，小型化设计，可由 Scratch 测控板控制。

专用电机

专用 6V 直流电机，方向可调，转速可控，耳机接口，转速范围为 0～100 转/s。

专用电机

专用 12V 直流电机，方向可调，转速可控，耳机接口，转速范围为 0～200 转/s。

Scratch 主线

标准 USB 转接 Mini USB 连接线，连接 Scratch 测控板与计算机，抗干扰性强。

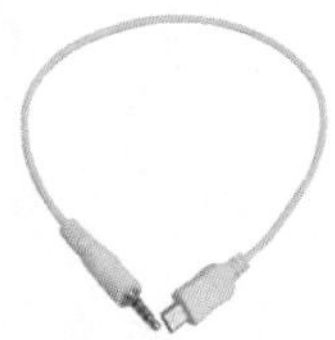
Scratch 传感器连接线

Mini USB-耳机插孔连接线，连接 Scratch 测控板与各种输入或输出装置，抗干扰性强。

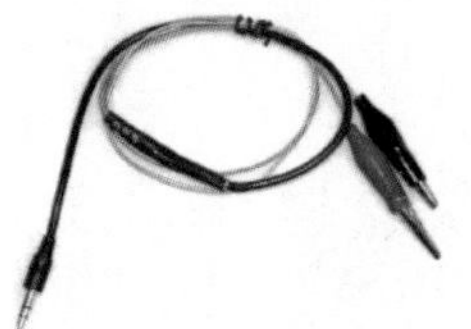
Scratch 拓展线

鳄鱼夹-耳机插孔连接线，连接 Scratch 测控板与各种输入或输出装置，抗干扰性强。

参考文献

[1] 项华,梁森山,吴俊杰. Ledong Scratch互动教学平台的应用与研究[J]. 教学仪器与实验,2011,01:16-18.

[2] 吴俊杰,李玲,李兰秀,等. 用摄像头和频闪截屏技术研究单摆运动[J]. 物理教师,2006,10:37-38.

[3] 韩蔚,吴俊杰,项华. 培养大家的数据探究意识与能力——以数字科学家课程《从牛顿平抛运动到地球卫星》教学为例[J]. 中学物理教学参考,2012,05:49-53.

[4] 吴俊杰,梁森山,李松泽. Ledong Scratch互动教学平台的应用与研究(十三)——"消失墨水"褪色过程中反应速率的研究[J]. 教学仪器与实验,2012,03:8-11.

[5] 吴俊杰,李多,李兰秀,等. 用摄像头研究平抛运动的规律[J]. 教学仪器与实验,2006,07:17-19.

[6] 蒋超,谢波,吴俊杰,等. 验证单摆运动机械能守恒的教学探讨[J]. 物理教学探讨,2010,11:51-52.

[7] 吴俊杰,李卓,梁森山. Ledong Scratch互动教学平台的应用与研究(十一)——光敏电阻与照度关系研究[J]. 教学仪器与实验,2011,11:11-13.

[8] 韩蔚,项华,吴俊杰.《复演伽利略斜面实验》的教学设计与反思——基于"数字科学家"课程的数据探究意识与能力的培养初探[J]. 中小学信息技术教育,2012,11:63-66.

[9] 吴俊杰. 什么是一个教师不断奋斗、不断创新的动力[J]. 中国信息技术教育,2012,10:12-14.

[10] 吴俊杰,毛澄洁. 数字科学:培养自由的研究者[J]. 中小学信息技术教育,2013,01:42-46.

[11] 吴俊杰,周群,秦建军,等. 创客教育:开创教育新路[J]. 中小学信息技术教育,2013,04:42-43,52.

[12] 吴俊杰,秦妍. Scratch来了[J]. 中国信息技术教育,2012,10:5.

[13] 吴俊杰. 见理、见事、见人[J]. 中国信息技术教育,2012,10:1.